软件安全性需求

FORMAL MODELING AND VERIFICATION OF SOFTWARE SAFETY REQUIREMENTS

形式化建模和验证

李震 著

江苏大学出版社
JIANGSU UNIVERSITY PRESS
镇 江

图书在版编目(CIP)数据

软件安全性需求形式化建模和验证 / 李震著. — 镇江：江苏大学出版社，2019.11
ISBN 978-7-5684-0112-8

Ⅰ. ①软… Ⅱ. ①李… Ⅲ. ①软件可靠性 Ⅳ. ①TP311.5

中国版本图书馆 CIP 数据核字(2019)第 237356 号

软件安全性需求形式化建模和验证
Ruanjian Anquanxing Xuqiu Xingshihua Jianmo He Yanzheng

著　　者/李　震
责任编辑/吴昌兴
出版发行/江苏大学出版社
地　　址/江苏省镇江市梦溪园巷 30 号(邮编：212003)
电　　话/0511-84446464(传真)
网　　址/http://press.ujs.edu.cn
排　　版/镇江市江东印刷有限责任公司
印　　刷/虎彩印艺股份有限公司
开　　本/890 mm×1 240 mm　1/32
印　　张/6.125
字　　数/162 千字
版　　次/2019 年 11 月第 1 版　2019 年 11 月第 1 次印刷
书　　号/ISBN 978-7-5684-0112-8
定　　价/42.00 元

如有印装质量问题请与本社营销部联系(电话:0511-84440882)

前　言

随着计算机应用的不断发展,软件被越来越多地应用到诸如核能、电力运营、铁路运营、空中管制、化学、航空航天、军事指挥和决策等涉及重大国计民生和国防领域。软件系统的失效将会造成严重的安全性事故,带来巨大的人员、财产和环境损失。

软件安全性是软件运行不引起危险和灾难的能力,是可信软件的重要属性。软件安全性具有很强的学科交叉性,涉及计算机科学、软件工程、安全系统工程、项目管理和其他保障工程等研究领域。因为软件安全性相关技术的前沿性和应用行业背景的现实敏感性,国外的论文和报告很少系统地、详细地展示其研究成果,已有和在研的软件安全性相关平台和环境也对我国实施了不同程度的技术封锁。

本书共分为 7 个章节。

第 1 章:绪论。介绍背景和意义,国内外在软件安全性需求形式化建模和验证领域的相关研究现状;说明本书的主要研究内容。

第 2 章:基本概念和方法。相关的基本概念和方法的介绍。

第 3 章:软件安全性需求过程。介绍国内外公认的软件安全性领域相关的权威标准和手册,生成可操作的软件安全性需求工作过程,并且将其划分为相应的子过程。

第 4 章:软件安全性需求形式化建模。按照本体的“七步法”的建模步骤和合并规则,根据遴选的安全性领域相关的权威标准和手册,建立软件安全性需求本体的概貌模型和相应的子过程模型。针对软件系统模型的安全性和复杂性特征,提出了软件安全

Petri 网模型——SEPN，并给出了 SEPN 的形式定义、迁移的使能条件和引发运算规则。

第 5 章：软件安全性需求形式化验证。从遴选的安全性领域相关的权威标准和手册中提取出软件安全性需求的静态需求，利用本体模型中的概念和关联描述静态验证所需的形式化验证规则。建立了扩展 Petri 网和模型检验语言 NuSMV 的语义映射，设计并实现了 SEPN 向 NuSMV 程序语言的转换算法，设计并实现了扩展 Petri 网子模型自动划分和定级排序的递归算法。

第 6 章：工具原型设计。简要介绍了软件安全性需求建模和验证工具原型的设计和开发，包括功能概述和设计概述。

第 7 章：实验和实例。实验模拟 3 个复杂程度递增的软件安全性功能作为需求静态分析和验证的对象，选取 4 名安全性人员，分为形式化组和人工分析两个组，记录分析和验证的过程和时间、发现问题的数目，修改确认和回归问题的次数和时间，对实验的结果进行分析。选取机载除冰系统软件作为典型的安全关键软件实例，对其进行系统的形式化建模和验证实例应用。

第 8 章：结论与展望。概括本书研究的内容，阐述取得的成果，指出尚存在的问题，提出对未来工作的展望。

由于本人能力和水平有限及研究资料的限制，书中难免存在疏漏，恳请广大读者指正。

著　者

2019 年 10 月

目　录

第1章 绪　论

1.1　研究工作的意义

随着计算机应用的不断发展,软件被越来越多地应用到诸如核能、电力运营、铁路运营、空中管制、化学、航空航天、军事指挥和决策等涉及重大国计民生和国防领域。软件系统的失效将会造成严重的安全性事故,带来巨大的人员、财产和环境损失。

软件安全性是软件运行不引起危险和灾难的能力,软件没有硬件所具有的物理和化学属性,因此它对人类和社会没有直接威胁,不会造成直接的人身和财产损害。但是,如果软件用于过程监测和实时控制,软件中存在的错误便有可能通过硬、软件的接口使硬件发生误动或失效,造成严重的安全事故。另外,若软件储存的或提供的数据是有关安全的重大决策的依据,则软件错误同样会给人类和社会造成严重的损害。

软件安全性是可信软件的重要属性,可信软件是当今国际软件产业的竞争焦点和技术制高点之一。软件安全性具有很强的学科交叉性,涉及计算机科学、软件工程、安全系统工程、项目管理和其他保障工程等研究领域。因为软件安全性相关技术的前沿性和应用行业背景的现实敏感性,国外的论文和报告很少系统地、详细地展示其研究成果,已有和在研的软件安全性相关平台和环境也对我国实施了不同程度的技术封锁。

2007 年度国家自然科学基金的重大研究计划“可信软件基础

研究”项目指南指出:以国家关键应用领域中软件可信性问题为主攻目标,分析、研究和解决相关科学问题。在嵌入式软件和网络应用软件中开展示范应用,为改善国家重大工程中的软件可信性提供科学支撑,其中航空航天领域为重要的优先发展领域,安全性是构建可信软件的关键性质之一。同年国务院正式批准大飞机国家重大专项立项实施,这是党中央、国务院做出的重大战略决策。研制大飞机是一项十分复杂的系统工程,安全性是大飞机研制能否成功的关键因素之一。无论是民机还是军机的研制、生产和运营都必须遵循一系列的国际通行的安全性标准,同样的,机载软件也必须遵循相应的软件安全性标准。所以,面向和遵循软件安全性标准展开软件安全性的相关研究可以增强理论研究和实际应用之间的联系,可以提高理论成果转化为应用成果的适用性。

在过去的20年内,人们对软件的高可靠性给予了高度关注,但是许多高可靠软件在系统使用的环境中并不是必定安全的。安全的软件要求在系统使用环境中不会带来危险,不安全的软件在系统使用的环境中会引起事故或者危害环境。软件是可靠的而不是安全的这种情况特别在以下情景中发生:(1)软件正确实现了需求,但是在系统使用中一些行为却是不安全的,这是因为某些需求就是不安全的;(2)一些和安全性相关的需求缺失;(3)软件实现了需求中未规定的不期望和不安全的行为。以上的这些情况都强调了软件安全性需求的重要性,强调了软件系统在使用环境下的安全性,所以正确的安全性需求对于确保软件系统的安全性是至关重要的。软件需求作为真正意义上软件工作的开端,其质量影响并决定了设计的质量,进而影响并决定了代码,直至整个系统的最终质量。

目前的软件需求和设计大都是基于自然语言的文档,中小规模的软件文档数量就达到百页之多。现在的需求验证一般通过专家对文档的人工评审来实现,这种完全依赖于人工的检查,不可能完全排除软件需求和相应设计中存在的错误和矛盾。受制于人脑的有限能力和主观差异，在某一阶段开展的评审对其他阶段中与软件安全性需求相关的错误和矛盾可能无能为力甚至自相矛盾，从而掩盖了软件安全性需求中实际存在的问题。评审一般安排在阶段性工作结束的时候，所以不能在工作过程中实时地发现和阻止问题的产生，且修改问题时若引入新的错误，将导致多次回归和无谓的反复，这将付出巨量的人力和时间成本。所以，目前的人工评审方式已不能满足安全关键软件对安全性需求的严苛验证要求。

"可信软件基础研究"项目指南指出：从20世纪90年代开始，形式化方法的兴起为软件工程开辟了新的领域，以形式化方法的精确性为支持给软件工程带来了新的突破，它的一个重要优点是能以一种严格的方式保证可信软件的正确构建，为可信软件工程提供了新的途径。传统的非形式化的软件工程技术对于软件质量的保证存在一个难以逾越的瓶颈，而形式化方法的实践证明形式化方法是提高软件质量的重要途径。在从高层规约至最终实现的过程中，选用适当的、以形式化方法为基础的工具进行辅助设计和验证，对提高安全关键系统的可信度有很大帮助。

综上所述，软件安全性是安全关键软件的重要可信性质，软件安全性研究具有前沿性、现实敏感性和学科交叉性。软件安全性问题与需求的关系特别紧密，软件安全性需求对于软件系统的安全性至关重要。软件安全性领域内的权威标准是安全关键软件的研发、验证和审定必须遵循的要求，严格的需求验证是软件需求安全性工作中重要和必需的环节。形式化方法的使用可以突破人脑的主观能力限制、消除主观差异，是实现软件需求安全性严格验证工作和提高验证效率的有力途径，是提高软件系统安全性的有力保证。同时，如何提高软件系统的安全性具有重大的理论和现实意义。因此，遵循国外和国内的相关软件安全性标准对软件安全性展开研究对国民经济和国防建设都有着重要的理论和现实意义。

1.2 国内外相关研究现状

1.2.1 软件安全性概况

软件安全性工程和技术管理在国外起步较早，美国国防部和欧空局以及为它们提供产品和服务的公司先后形成了一些报告和论文，依托的高校有麻省理工学院、加州大学、明尼苏达大学等。软件安全性研究在我国刚刚起步，在国内从事相关研究的主要有国防科技大学、电子科技大学、同济大学、北京航空航天大学和一些国防工业相关的研究机构等。

国家自然科学基金委员会于2007年底正式启动“可信软件基础研究”，周期为6年，指出必须在以下四个领域进行研究探讨：(1)研究高可信系统的支撑理论和科学基础；(2)研究构建高可信系统基础和大型高可信系统的工具和技术；(3)高可信系统工程和实验；(4)基于特定用户领域的高可信技术实验项目。国防科技大学的陈火旺院士、王戟、董威等全面论述了高可信软件工程技术的现状、需要解决的问题和发展的趋势。同时，笔者认为形式化方法将对软件可信性的获得和保证有着不可替代的作用，基于自动化工具支持的“轻量级”形式化方法将是其工程化的趋势。

NASA的Langley研究中心和联邦航空局的合作项目认为准确交流和沟通需求是安全关键软件项目中众多现存挑战的根源。洛克维尔公司和明尼苏达大学的合作项目指出不完整、不准确、模糊和多变的需求是软件工业的痼疾，基于模型的开发和形式化方法的使用为安全关键系统的开发者提供了一个新的、强有力的早期需求确认手段，同时用实例证明了在软件需求阶段使用形式化方法验证需求的成本是合理的。明尼苏达大学的 Heimdahl 教授在 2007 年国际软件工程大会上指出安全关键软件面对的挑战包含证明需求有效的能力,必须为需求的满足提供可验证的证据。

在软件安全性的相关标准和手册中也对于形式化方法给予了越来越高的重视。推出的 DO－178B 修订版 DO－178C 已经将形式化方法补充进来,NASA 的软件安全性技术指南(2004)同样高度推荐使用形式化方法。同时被 DO－178C 补充进来的还有基于模型的开发(MDA)。MDA 仍然需要解决模型和需求的验证问题,而在解决这个问题上形式化方法有着独特的优势。

1.2.2 软件安全性需求建模

软件安全性需求模型是形式化验证的基础,目前还没有成熟的针对软件安全性需求的形式化描述模型。

加拿大卡尔隆大学的 Gregory Zoughbi 建立了遵循适航(飞行安全性)标准(RTCA DO－178B)开发安全关键软件的 UML 剖面,初步归纳了机载软件安全性需求中和软件相关的概念和关联。文章以权威标准为建模对象,从中抽取建模概念和关联形成安全性模型。这是一篇很重要的文章,它为面向标准建立软件安全性的相关模型提供了思路和方法上的参考。同时,对于相关工作,还可以做如下继续的研究:(1)软件安全性不会独立存在,它依赖于硬件或者用户的决策而存在,该文章提出的剖面概念中没有将这两者归纳进来。(2)已有的认证标准不仅提供了安全性建模的元素,这些标准和相关的手册也涉及了安全性分析验证的规则,在建模的过程中应当提供基于这些规则的检查。该文章对建模元素进行了抽取,但是没有考虑这些元素在组合成安全性需求模型时的约束规则,更缺少对这些规则进行形式化描述以作为计算机自动处理安全性建模规则检查的基础性工作。(3)该文章建立的剖面重在展示软件系统的安全性信息,没有体现软件安全性工程的过程,对于需求的约束描述也大多还是基于自然语言的。

英国赫尔城大学的 Ian Wolforth 建立了失效模式剖面，并用于安全性分析。这个剖面包括了模型风险、冲突、保证、冗余、安全链接、安全依赖、安全关键因素、安全行为、破坏和错误处理。由于安全性不仅仅是由于信息错误造成的，所以这个剖面在实际适用中有很大的局限性。

OMG 组织给出了实时嵌入式系统的初步剖面（MARTE Beta1），这为软件安全性需求的描述提供了一定的支持，相关的剖面还包括 QoS&FT、HIDOORS 等。OMG 的系列剖面面向模型驱动开发软件系统，并不直接面向软件安全性需求验证；面向 UML 标准建模语言，重点关注于模型元素对于建模的支持，基本不涉及规则的描述；面向于建模而不是验证，同时也不面向软件安全性系列标准和指南。

SCR（Software Cost Reduction）方法源于 A－7 飞机的需求规格开发，后来被扩展为 CoRE 方法，被用于洛克希德·马丁公司 C－130J 的航空电子设备的需求规格。SCR 方法的实质是希望通过用填表的方式在后台生成一个系统状态机的抽象描述来暴露软件需求中的问题。它不能直观表达需求之间的关联，也不提供需求实现的图形化建模和运行机制。因此，该方法过度抽象了软件需求工作的实际过程，同时也不针对软件安全性需求建模和验证。

安全关键软件日益复杂，图形化、可动态运行的模型能更清晰地描述软件需求的功能实现和满足需求的动态行为特征。

Petri 网是一种系统的数学和图形的描述和分析工具，用于具有并发、异步、分布、并行、不确定性或随机性的信息处理系统仿真建模及测试领域。随着 Petri 网技术的发展和完善，涌现出多种扩展的 Petri 网形式，如时间 Petri 网，ER－nets，高级 Petri 网，时序 Petri 网等，这使得 Petri 网的模拟能力和分析能力不断增强。贵州大学的段风琴、李祥指出 Petri 网是描述并发系统的很直观的图形工具,论述了 Petri 网性质的线性时序逻辑描述,研究了用 Promela 编程描述 Petri 网和用 Spin 对 Petri 网性质进行检验。意大利卡拉布里亚大学的 F. Cicirelli、A. Furfaro 和 L. Nigro 使用时间 Petri 网建模和分析复杂时间系统,利用 Java 建立了可视化的图形工具,将模型转化为模型检验工具的输入语言来进行验证。建立 Petri 网和模型检验工具语言之间的映射可以为模型检验工具建立可视化、图形化的建模环境,方便用户理解和构建系统,前台的建模机制和后台模型 - 语言转换机制使用户几乎不需要编写验证代码,避免了人工编写代码引入的错误,省去了调试带来的工作量,从而提高了系统建模的效率。

1.2.3 软件安全性需求验证

众所周知,软件开发中的绝大部分错误是在需求分析早期阶段引入的,这些错误将随开发的深入而逐渐放大。错误发现得越晚,对其修改所需付出的代价将会越大。在传统的软件开发方法中,除了在各个阶段进行评审以发现错误外,更多的错误则是直到编码结束后的测试阶段才能被检测出。而在形式化方法中,在开发出形式规格后即可进行形式验证。这样,验证工作得以提前进行,既可以提前发现错误,同时在修改所发现的错误时需要付出的代价也是最小的。

霍尼韦尔公司的实验室报告指出基于非形式化模型的分析常常是有主观差异的,遵循业内标准的基于形式化开发系统的模型技术可以在需求、设计和编码上保证满足安全性需求,认为模型检验是在早期发现和解决问题的有效手段并介绍和使用了三种模型检验工具;同时指出形式化方法的使用使得开发进入模型时代,FMEA、FTA 等手段得以真正有效开展。

同济大学的郦萌、吴芳美、徐中伟等采用 UML 为铁路联锁软件建立平台无关模型,改进软件的开发和复用;为保证其安全性采用了 Petri 网作为补充，在模型中加入了复杂的动态行为和约束规则的形式化描述，并使用 Z 语言来描述安全需求，生成形式化规格说明。同济大学的杜玉越、蒋昌俊基于时序 Petri 网对网上静态和动态证券交易系统进行了模拟、形式描述及功能正确性验证。

英国约克郡大学的 Frantz Iwu 和 Ian Toyn 提出一种基于形式化规格说明的模型。它将安全关键系统中的多失效情况建模为一个失效瞬时传播图，提供了一个从一系列被触发报警中识别多失效原因的通用平台；介绍了单个失效如何在组件中传递，利用故障树来对失效传播进行详细分析；讨论了基于需求的多失效诊断，利用 Z 规格说明识别多失效时的潜在原因；使用失效严重等级来确定放置报警组件的位置。

意大利都灵大学 Davide Cerotti 和 Susanna Donatelli 等提出了基于普通随机 Petri 网(GSPNs)实现 CSL 模型检验的方法。牛津大学 Gethin Norman 和 Roy P. 等对概率 Petri 网模型的抽象和验证做了初步的分析。

状态空间爆炸是模型检验的焦点问题，如何提高验证效率受到了广泛的关注。美国海军高可信研究中心的 Heitmeyer 等对 SCR 规格说明进行了抽象、自动剔除无关变量和状态分层，使用 Spin 发现疑问并经过测试确认了缺陷。Ilan Beer 等对模型检验中时序逻辑的空属性问题进行了阐述，说明了空属性发生的根源，并利用公式转换对空属性进行了处理。Yunja Choi 指出要注意被验证性质的意义，试图利用数据等价类和路径削减作为抽象技术的一种选择和补充，对输入空间而不是模型进行抽象，可以适用于自由变量和具有确定数据约束的变换系统。

1.2.4 自动化工具

形式化方法的应用离不开自动化工具的支撑，具有良好用户界面、易学习、易操作的支撑工具对于形式化方法的推广应用是大有裨益的。"轻量级"的形式化方法将是形式化方法工程化的趋势,这需要为形式化方法提供较强的自动化工具支持,即工具具有形式化的基础,但其使用者无须具备很强的形式化知识。工具的交互应是自然的、可读的、易于理解的。

Safeware Engineering 公司的 SpecTRM 软件是以麻省理工学院的 Nancy Leveson 教授领导下的安全性团队的 STAMP 原型工具为基础,用来辅助软件密集的安全关键系统设计,受到美国国安机构的严格监管,对敏感国家实施技术封锁。

文献[14]认为使用传统的文字处理工具用来进行安全性分析有许多局限,如数据没有结构化且文字处理环境不能提供恰当的平台以便将来研究。因此,芬兰坦佩雷大学的 Nina I. Pátkai 提出了一个更好的工具用来做安全性分析。从系统安全性概念的角度开发了数据管理工具并采用 HAZOP 分析方法。

赫尔穆特施密特大学的 J. May, J. Drewes, E. Schnieder 在 2007 年提出一个基于知识的方法来支持 HAZOP 分析,这样可以大大减轻手工工作量。分析步骤为:(1) 建立 rule base。一个 rule 包括三方面:通讯类型 + 这种通讯类型故障的描述 + 这个故障造成的后果。将 rule base 转换成 XML 格式。(2) 具体的分析对象。利用已有的软件工具将 UML 描述转换为计算机识别的 XML。(3) Rule engine 用 C#实现。文章给出了软件设计的简单框架,但是没有给出 rule base、专家规则、XML 文件的具体形式定义,也没有对有贡献的研究成果进行详细的展开说明。

研究模型检验工具的高校和相关机构有美国的卡内基梅隆大学、加州理工大学、麻省理工学院、意大利都灵大学、瑞典皇家学院、CMU, ICRST 等,通用模型检验工具有 NuSMV, Spin, SAL, Prism, T - UPPAAlL 和 Blast 等。

1.2.5 小结

软件系统的安全性问题多数来源于需求阶段,所以正确的需求对于确保安全性是至关重要的。形式化方法目前已经被证明是一种行之有效的减少需求和设计错误、提高软件系统可信性的重要途径,并且已经被国外航空航天的研究机构逐步应用到安全关键的软件系统中。形式化方法的意义在于它能从早期就开始帮助发现其他方法不太容易发现的与系统描述不一致、歧义、不完整和错误等问题,增加软件开发人员对系统的理解,特别是提高安全关键系统可信性的重要手段。

目前国内外还没有建立软件安全性需求的本体描述模型,这表明软件安全性需求还没有形成形式化的、计算机可处理的、标准的、领域可共享和复用的机器知识。

Petri 网是一种系统的,既有数学分析又有图形描述的形式化方法,在安全关键系统的需求建模中得到广泛应用,但对软件系统的安全性特征和复杂的行为特征还需要有针对性的扩展。

模型检验是形式化验证的一种方法,其高度自动化和反例自动生成功能得到了工业界的青睐。模型检验的优点是完全自动化并且验证速度快,但是面临"状态爆炸"的问题,在验证过程中应当采用合理的方法降低验证的状态空间。

现有模型检验工具的输入大多是自定义的描述语言,而且调试检查能力不够。扩展 Petri 网的建模能力,建立可视化建模和模型检验语言之间语义的自动化转换,可以解决模型检验工具的可视化建模能力和输入语言调试能力不足的问题。

1.3 研究内容与创新

本书深入分析国内外公认的软件安全性领域相关的标准和手

册，建立符合标准和可操作的软件安全性需求工作过程；将软件安全性需求分析和验证相关的工作纳入到有明确定义的形式化模型中进行描述，利用形式化理论和方法给予静态和动态的描述和验证；支持建模和验证工具原型的设计和开发；通过选取不同背景的人员采用人工分析和使用工具两种方法对实验软件的安全性需求进行验证；收集并分析了两种验证方法的实验结果，最终通过在典型的机载安全关键软件中的应用来进行实例验证。本书的研究内容和路线如图 1-1 所示。

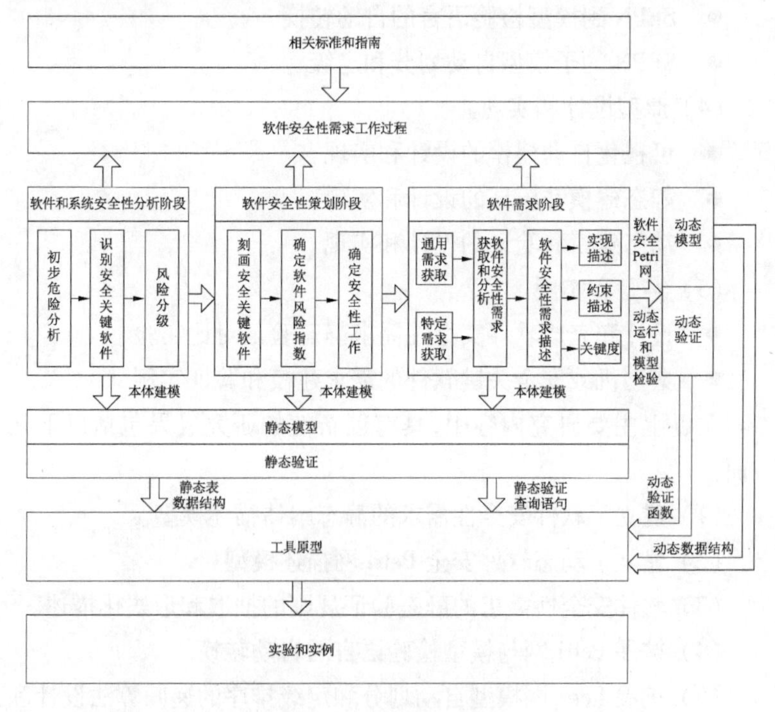

图 1-1 研究内容和路线

本书具体的研究内容如下：

(1) 软件安全性需求过程研究。

- 软件安全性需求工作过程的划分

- 子过程的工作内容和子过程间的关联

(2) 软件安全性需求建模研究。

- 基于本体的软件安全性需求的静态形式化模型研究
- 扩展 Petri 网 – SEPN 以支持软件系统的安全性特征和复杂行为建模

(3) 软件安全性需求验证研究。

- 静态验证规则的提取和形式化
- SEPN 和模型检验语言的语义映射
- SEPN 到模型检验语言的自动转换
- SEPN 的子模型自动划分和定级

(4) 原型设计和实现。

- 可视化自动建模的设计和实现
- 静态建模和验证的设计和实现
- 动态建模和验证的设计和实现

(5) 实验和实例。

- 设计和完成软件安全性需求静态验证对比实验
- 典型机载安全关键软件的需求建模和验证实例

在以上主要研究内容中,具有创新性的研究成果包括以下几方面:

(1) 建立了软件安全性需求的静态本体描述模型。

(2) 建立了动态软件安全 Petri 网描述模型。

(3) 软件安全性需求的静态验证规则的抽取和形式化描述。

(4) 扩展 Petri 网与模型检验语言的自动转换。

(5) 扩展 Petri 网模型自动划分和定级排序的递归算法设计和实现。

(6) 软件安全性需求形式化建模和验证工具的原型设计和实现。

1.4 结构框架

本书共分为7个章节,每个章节内容的具体安排如下。

第1章:绪论。介绍选题的背景,阐述研究的意义;调研国内外在软件安全性需求形式化建模和验证领域的相关研究现状;说明本书的主要研究内容和创新点。

第2章:基本概念和方法。相关的基本概念和方法的介绍。

第3章:软件安全性需求过程。介绍国内外公认的软件安全性领域相关的权威标准和手册,生成可操作的软件安全性需求工作过程,并且将其划分为相应的子过程。本章的研究内容将为后续建立软件安全性需求本体模型做好准备。

第4章:软件安全性需求形式化建模。按照本体"七步法"的建模步骤和合并规则,根据遴选的安全性领域相关的权威标准和手册,建立软件安全性需求本体的概貌模型和相应的子过程模型。针对软件系统模型的安全性和复杂性特征,提出了软件安全Petri网模型-SEPN,并给出了SEPN的形式定义、迁移的使能条件和引发运算规则。本章的研究内容为后续的软件安全性需求验证提供基础模型的支持,为后续工具原型的静态数据结构定义和动态数据结构定义提供支持。

第5章:软件安全性需求形式化验证。从遴选的安全性领域相关的权威标准和手册中提取出软件安全性需求的静态需求,利用本体模型中的概念和关联描述静态验证所需的形式化验证规则。建立了扩展Petri网和模型检验语言NuSMV的语义映射,设计并实现了SEPN向NuSMV程序语言的转换算法,设计并实现了扩展Petri网子模型自动划分和定级排序的递归算法。本章的研究内容将为后续工具原型的静态验证函数定义和动态验证函数定义提供支持。

第6章:工具原型设计。简要介绍了软件安全性需求建模和验证工具原型的设计和开发,包括功能概述和设计概述。本章的研究内容将为后续的实验和实例提供建模和验证工具原型。

第7章:实验和实例。实验模拟3个复杂程度递增的软件安全性功能作为需求静态分析和验证的对象;选取4名安全性人员,分为形式化组和人工分析两个组,记录分析和验证的过程和时间、发现问题的数目,修改确认和回归问题的次数和时间,对实验的结果进行分析。选取机载除冰系统软件作为典型的安全关键软件作为实例,对其进行系统的形式化建模和验证实例应用。

第8章:结论与展望。概括本书研究的内容,阐述取得的成果,指出尚存在的问题,提出对未来工作的展望。

1.5 本章小结

本章介绍了本书研究的背景,说明了本书的研究意义;分析了国内外在相关领域的研究进展和状况,阐明了本书的研究内容和主要创新之处,最后给出了本书的组织结构。

第2章 基本概念和方法

为方便理解本书的后续研究内容，本章将若干软件安全性需求形式化建模和验证领域的基础知识进行概括性的介绍。第一节介绍了软件安全性相关的基本概念。第二节介绍了形式化方法相关的基本概念，包括形式化方法概述、本体、Petri 网模型检验的基本概念，并进行了分析和说明。第三节对上述内容做出了小结。

2.1 软件安全性

2.1.1 软件安全性定义

关于软件安全性，主要有以下几种定义：

(1) Nancy 对软件安全性的定义。

1986 年美国软件安全性领域著名学者 Nancy G. Leveson 曾定义："软件安全性涉及确保软件在系统环境中运行而不产生不可接受的风险，软件安全性是软件运行不引起危险和灾难的能力。"

(2) 美国宇航局对软件安全性的定义。

2004 年美国宇航局的软件安全性标准中定义软件安全性为"软件工程和软件保证中提供识别、分析和追踪软件危险并减缓和控制危险及危险功能的系统方法，以保证系统中运行的软件更安全"。

(3) IEEE 对软件安全性的定义。

IEEE 则定义软件安全性为"软件具有在正常或异常的条件

下,能减小意外事件发生的可能性,并且软件所导致的后果是可以控制的特性,以及阻止产生的伤亡或损失的能力”。

同时,也有相关文献认为:软件的安全性是指软件在规定的运行时间内是否会对系统本身和系统外界造成危害的概率。这种危害包括人身安全、重大财产损失和人们极不期望发生的事件等。

(4) GJB/Z 102-97 对软件安全性的定义。

国军标《软件安全性和可靠性设计准则》定义软件安全性为“软件运行不引起系统事故的能力”。

本书认为以上对软件安全性的定义不尽相同,但却是从不同的角度描述了软件安全性的相关特征。Nancy G. Levson 教授从本质上给出了软件安全性的定义,这也是业内公认的经典定义;NASA 从工程角度认为软件安全性是和相关的系统方法紧密联系在一起的;IEEE 从软件产品的安全性能力角度给出了描述;相关文献从概率度量角度对软件安全性进行了描述;国军标参考 Nancy G. Levson 教授的定义给出了软件安全性的定义。

综合以上定义,本书认为:软件安全性是软件运行不引起危险和灾难性事故的能力,必须在软件工程和软件保证中提供识别、分析和追踪软件危险并减缓和控制危险及危险功能的系统方法,以使软件具有在正常或异常的条件下,减小对系统本身和外界造成危害的能力。

2.1.2 软件安全性需求定义

IEEE 软件工程标准词汇表(1997 年)中定义需求为:

(1) 用户解决问题或达到目标所需的条件或能力。

(2) 系统或系统部件要满足合同、标准、规范或其他正式规定文档所需具有的条件或权能。

(3) 一种反映上面(1)或(2)所描述的条件或权能的文档说明。

IEEE中软件安全性需求定义为：识别在使用产品时可能存在的损失、破坏或者不利相关的需求，定义针对性的保护措施，同时阻止一些行为的发生。参考所有标准和规范中对产品设计和使用的安全性提议，确定满足所有的安全性审定。

NASA认为软件安全性需求从系统安全性需求中分解而来，保证系统维持在一个安全状态，同时可以对潜在失效做出充分的反应。软件安全性需求不仅要屏蔽不安全的行为，还可以用来预先监控系统、分析关键数据、标识进入危险状态之前的信号。所以软件安全性需求必须包括体现这些行为的、主动的、反应式的系统及软件，并要求它们必须是有效的需求。

《军用软件开发文档通用要求》(国军标438B)中，“软件需求规格说明”的关键性要求中对安全性的说明如下：

(1) 明确安全性要求等；

(2) 规定软件其他安全性要求，如关键功能至少要由两个独立的程序模块共同完成，“监视时钟”的设置要求，软件多余物的处理，程序块的隔离，内存未用空间和未采用中断的处理，对关键数据、变量的保护和校核等；

(3) 规定安全性关键功能软件的标识、控制、检测和故障识别；

(4) 规定软件失控、加电检测控制顺序出现异常造成的可接受的最低安全性水平；

(5) 规定系统的故障模式和软件的故障对策要求。

综合以上定义，本书认为软件安全性需求是：

(1) 用户解决软件安全性问题或达到软件安全性目标所需的条件或能力。

(2) 软件系统或系统部件要满足合同、标准、规范或其他正式规定文档所需具有的安全性的条件或权能，同时满足所有的安全性审定。

（3）软件安全性需求包括：

① 在使用软件时可能存在的损失、破坏或者不利相关的需求；

② 针对性的保护措施和阻止行为发生的需求；

③ 参考所有标准和规范中对产品设计和使用的安全性提议，确定满足所有的安全性审定。

（4）一种反映上面（1）、（2）或（3）所描述的条件或权能的文档说明。

2.2 形式化方法

2.2.1 概述

形式化方法（formal method）的基本含义是借助数学的方法来研究计算机科学中的有关问题。*Encyclopedia of Software Engineering* 对形式化方法定义为："用于开发计算机系统的形式化方法是基于数学的用于描述系统性质的技术。这样的形式化方法提供了一个框架，人们可以在该框架中以系统的方式刻画、开发和验证系统。"形式化方法软件开发采用了软件生命周期的变换模型，对应 3 个方面的活动：形式化规格、形式化验证和程序求精。

形式化规格（formal specification）是对程序"做什么"（what to do）的数学描述，是用具有精确语义的形式语言书写的程序功能描述，它是设计和编制程序的出发点，也是验证程序是否正确的依据。

形式化验证（formal verification）与形式化规范之间具有紧密的联系，形式化验证就是验证已有的系统，是否满足其规范，它也是形式化方法所要解决的核心问题。传统的验证方法包括模拟和测试，他们都是通过实验的方法对系统进行查错。模拟和测试分别在系统抽象模型和实际系统上进行，一般的方法是在系统的某点给予输入,观察在另一点的输出。这些方法花费很大,实验所能涵盖的系统行为非常有限,很难找出所有潜在的错误。形式验证主要研究如何使用数学方法,分析证明一个系统的正确性。

程序求精,又称程序变换,是将自动推理和形式化方法结合而形成的一门新技术,主要研究从抽象的形式规格推演出具体的面向计算机的程序代码的全过程。程度求精的基本思想是用一个抽象程度低、过程性强的程序区代替一个抽象程度高、过程性弱的程序,并保持它们之间功能的一致性。

总体上,严格的形式化方法大致可以分为五类:(1) 基于模型的方法。给出系统(程序)状态和状态变换操作的显式,但也是抽象定义,对于并发没有显示表示,如 Z 和 VDM。(2) 代数方法。通过联系不同操作间的行为关系给出操作的隐式定义,而不定义状态,同样,它也未给出并发的显示表示,如 OBJ、CLEAR。(3) 进程演算方法。给出并发过程的一个显示模型,并通过过程间允许的可观察的通讯上的限制(约束)来表示行为,如 CSP、CCS。(4) 基于逻辑的方法。有很多方法采用逻辑来描述系统的特性,包括程序行为的低级规范和系统时间行为的规范,如时态逻辑。(5)基于网络的方法。根据网络中的数据流显式地给出系统的并发模型,包括数据在网中从一个节点流向另一个节点的条件,如 Petri 网、谓词变换网。

北京大学数学系的裘宗燕教授指出:"计算机化"就是应用领域的"形式化方法",把不严格、不清晰的操作和过程严格化、计算机化,就是一种形式化。行业领域现代化的一个重要方面也就是"形式化"。这一论断同样适合计算机相关领域,而且计算机相关领域是一个特别需要形式化的领域。所以同样的基于这一理解,计算机界也将具有严格定义的领域知识模型,如本体、统一建模语言 - UML 等,认为是在广义和应用层次上的形式化或者半形式化方法。

2.2.2 本体

本体(ontology)最早是一个哲学上的概念。从哲学的范畴来说,Ontology 是客观存在的一个系统的解释或说明,注重的是客观现实的抽象本质。下面从概念定义、形式定义、建模方法和描述逻辑几个方面对本体的相关内容逐一做出介绍。

2.2.2.1 概念定义

1993 年,Gruber 给出了 Ontology 的一个最为流行的定义,即"Ontology 是概念模型的明确的规范说明"。1997 年,Borst 在此基础上给出了 Ontology 的另外一种定义:"Ontology 是共享概念模型的形式化规范说明"。

1998 年,Studer 等对上述两个定义进行了深入的研究,认为 Ontology 是共享概念模型的明确的形式化规范说明,所以本体通常也可以认为是一种广义的形式化方法。这包含 4 层含义:概念模型(conceptualization)、明确(explicit)、形式化(formal)和共享(share)。"概念模型"指通过抽象出客观世界中一些现象(phenomenon)的相关概念而得到的模型。它所表现的含义独立于具体的环境状态。"明确"指所使用的概念及使用这些概念的约束都有明确的定义。"形式化"指 Ontology 是计算机可读的(即能被计算机处理)。"共享"指 Ontology 中体现的是共同认可的知识,反映的是相关领域中公认的概念集,即 Ontology 针对的是团体而非个体的共识。Ontology 的目标是捕获相关领域的知识,提供对该领域知识的共同理解,确定该领域内共同认可的词汇,并从不同层次的形式化模式上给出这些词汇(术语)和词汇间相互关系的明确定义。它的提出并不是为了人和人之间的交流,而是希望软件系统之间能够对共享概念达成统一的理解,就好像为机器提供一种用于交流的官方语言。

总的来说,构造本体的目的是实现某种程度的知识共享和重用，主要体现在以下两方面。

（1）本体的分析澄清了领域知识的结构，从而为知识表示打好基础。本体可以重用，从而避免重复的领域知识分析。

（2）统一的术语和概念使知识共享成为可能，表现为：一是于不同的人或不同的组织间提供共同的词汇；二是能在不同的建模方法、范式、语言和软件工具之间进行翻译和映射，以实现不同系统之间的互操作和集成。

2.2.2.2　形式定义

本体论的研究越来越为人们所关注，但关于本体的定义众说纷坛，各自从不同的角度揭示了本体的本质。相应于本体概念于实际情况中的发展和应用，关于本体的定义相继出现了二元、三元、四元、五元、六元等多种形式。

（1）二元组定义：从概念化的结构出发，$C=\{D,W\}$，D 指某一领域，W 指这一领域中所有可能状态的集合，亦为可能世界。

（2）三元组定义：在二元组的基础上得到的重新定义 $C=\{D,W,R\}$ 上的概念关系的集合。

（3）四元组定义：

① $\text{Onto}\log y=\{D,Con,Att,Ass\}$，其中，$D$ 为本体应用的领域集，可以是单个领域，或者是多个领域的并集；Con 为领域 D 中的概念实体的有限集；Att 为概念实体属性的有限集；$Ass:Con\times Con\rightarrow\{0,1\}\wedge(d\notin D,t\in D,Ass(t,d)=0)$。$Ass$ 是概念实体之间的关联函数，如果两个概念实体存在关联，则函数值为1，否则为0，并且不存在孤立的概念实体。这也是本书采纳的本体定义。

② $\text{Onto}\log y=\{T,X,TD,XD\}$，其中，$T$ 是术语集，又被称为原子术语，包括原子类术语和原子属性术语；TD 是术语定义集，用来定义 T 中的术语；X 为实例集；XD 为实例声明集，用来声明术语的实例。

（4）五元组定义：$\text{Onto}\log y=\{C,R,HC,rel,AO\}$，其中，$C$ 表示

概念集合；R 表示概念间的关联集合；HC 表示一个概念的层级；rel 表示二元的关联函数，如：$R \rightarrow C \times C$ 或 $R(C,C)$；AO 表示本体中的公理集。

（5）六元组定义：$Onto\ log\ y=\{C,A^C,R,A^R,H,X\}$，其中，$C$ 表示本体的有关概念集，是领域中部分或全部或扩展的概念；A^C 表示基于各概念的属性集；R 表示概念间的关联集合；A^R 表示各关联的属性集；H 表示基于概念集 C 的层级关系，两者间有父子级的关系；X 表示一公理集，其中的每一公理表示基于概念属性间、关联属性间和概念对象间的约束。

2.2.2.3 建模方法

目前，建立本体大多采用手工方式，远远没有成为一种工程性的活动。在建立各自的本体时，都有自己的原则、标准和定义，缺乏公认的建模方法，影响了本体的重用、共享和互操作。但是，研究人员还在不断地探索本体的开发方法。目前知识工程界比较成型的建模方法主要有以下几种。

（1）Mike Ushold & Micheal Gruninger 的 Skeletal Methodology（骨架法）。

这个本体建立模式是爱丁堡大学从开发 Enterprise Ontology 的经验中产生的。它提出了建立本体的 4 个主要步骤：① 识别目的和范围（identify purpose and scope）；② 建立本体（building the ontology），包括：本体捕获（ontology capture）、本体编码（ontology coding）和本体集成（ontologies integration）；③ 对所建立的本体进行评价（evaluation）；④ 文档化（documentation）。该方法主要用于描述相关商业企业术语和定义的集合，只提供开发企业本体的指导方针。其流程图如图 2-1 所示。

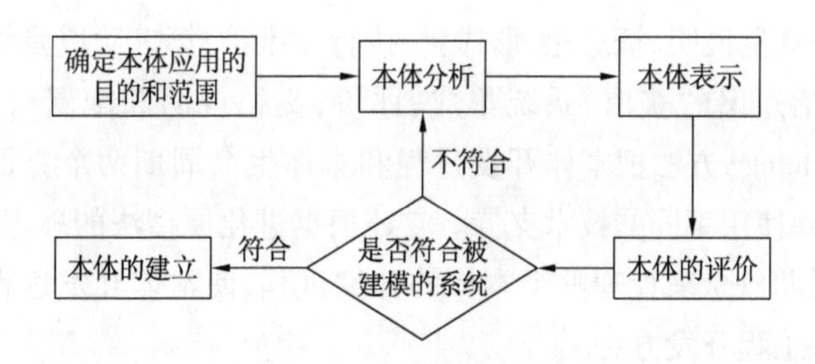

图 2-1　骨架法流程图

（2）Micheal Gruninger & Mark. S Fox 的企业建模法（TOVE）。

TOVE Ontology Project 是多伦多大学 Enterprise Integration Laboratory 的一个项目，它的目标是建立一套为商业和公共企业建模的集成本体，并且已经建成了相关本体。作为该项目的一部分，他们设计了一套创建和评价本体的方法"Enterprise Modelling Methodology"。该方法包括如下几个步骤：① 激发场景（motivating scenario）；② 非形式化的能力问题（informal competency questions）；③ 一阶逻辑表达的术语规格说明（specification in first-order logic-terminology）；④ 形式化的能力问题（formal competency questions）；⑤ 一阶逻辑表达的公理规格说明（specification in first-order logic-axioms）；⑥ 完备性定理（completeness theorems）。其流程如图 2-2 所示。

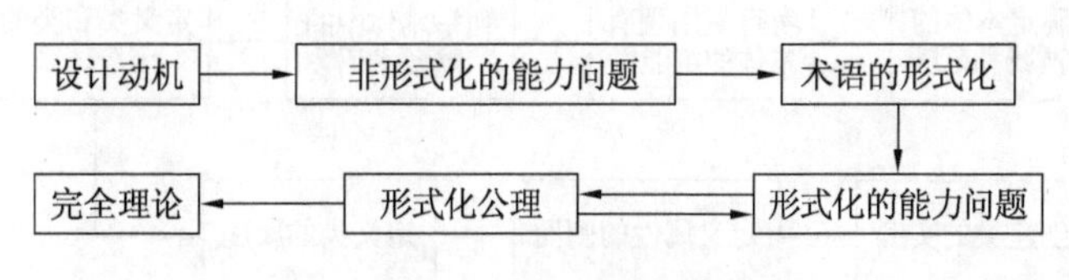

图 2-2　TOVE 流程图

（3）Mariano Fernandez & Gomez-Perez 等的 Methontology 方法。

该方法是由西班牙马德里理工大学人工智能实验室提出的。该方法分为三个阶段：第一阶段是管理阶段，包括任务的进展情况、需要的资源和如何保证质量等；第二阶段是开发阶段，进行的步骤是规范说明、概念化、形式化、执行和维护；第三阶段是维护阶段，包括知识的获取、系统集成、评价、文档说明和配置管理等。Methontology 方法把本体开发过程和本体生命周期两个方面区别开来，并使用不同的技术支持。它还根据进化原型法的思想，提出生命周期概念来管理整个本体的开发过程，使本体开发过程更接近软件工程开发方法。

（4）IDEF-5 方法。

IDEF 的概念是在 70 年代提出的结构化分析方法的基础上发展起来的。IDEF-5 提出的本体建设方法包括以下五个活动：① 组织和范围（organizing and scoping）：确定本体建设项目的目标、观点和语境，并为组员分配角色；② 数据收集（data collection）：收集本体建设需要的原始数据；③ 数据分析（data analysis）：分析数据，为抽取本体作准备；④ 初始化的本体建立（initial ontology development）：从收集的数据当中建立一个初步的本体；⑤ 本体的精炼与确认（ontology refinement and validation）：完成本体建设过程。

（5）“七步法”。

该方法是斯坦福大学医学院开发的，主要用于领域本体的构建。“七步法”本体建模流程如图 2-3 所示。

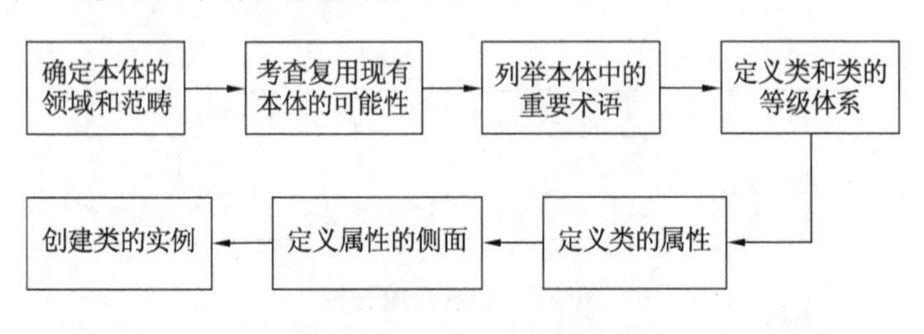

图 2-3 “七步法”建模流程

下面对该方法的 7 个步骤逐一介绍。

① 确定本体的领域和范畴。

在此步骤中，首先要明确几个基本问题：

a. 所构建的本体将覆盖哪个专业领域?

b. 应用该本体的目的?

c. 本体中的信息能回答哪些类型的问题?

这些问题的答案随着本体设计过程的深入可能需要调整,但是在任何特定的时间段里,它们对于限制模型的范畴都是有帮助的,所以需要相对稳定。

② 考查复用现有本体的可能性。

如果自己的系统需要和其他的应用平台进行互操作,而这个应用平台又与特定的本体或受控词表结合在一起,那么复用现有的本体就是最行之有效的方法。许多本体都有电子版本,而且可以输入到个人使用的本体开发系统中。即便一种知识表达系统不能直接以某种特殊的格式来工作,但将本体由一种格式转换为另一种格式并不困难。目前,在互联网上可以找到很多现成的本体文库。

③ 列举本体中的重要术语。

针对所要研究的领域和问题,列出一份所有相关术语的清单。术语的选择需要多方的参与,如知识工程师、领域专家和用户等。为了找全术语,此时可暂不考虑概念及其属性在表达上的重复;相反,这样做却是很有必要的。例如,不同主体对于同一个对象可能会有不同的称谓,不利于不同主体之间信息的交流,但可以通过对象的"别名"属性给出该对象其他的可能称谓,进而将这些不同的术语"统一"起来。

④ 定义类(class)和类的等级体系(hierarchy)。

考虑类的等级体系,在对概念进行分类时,按照不同标准可以有不同的分类结果。但是,分类需满足一定的分类原则:每次划分必须按同一标准进行分类;子类之间应该互不相容;各个子类外延子项之和必须穷尽父类的外延。

完善一个等级体系有以下几种可行的方法:

a. 自顶向下法。由某一领域中处于顶层的概念开始，然后逐步将概念细化。

b. 自底向上法。由底层最小类的定义开始，它们是这个等级体系的细枝末节，然后将这些细化的类组织在更加综合、抽象的概念之下。

c. 综合法。上述两种方法的结合。首先对一些重要的概念进行定义，然后分别将它们进行恰当地归纳和演绎，最后将它们与一些中级概念关联起来。

每位研究者具体采取什么方法主要依赖于个人对这一专业领域的理解程度和观点。如果开发人员对某一专业领域具备一套自顶而下的系统认识论，那么利用自顶向下的方法就会事半功倍。由于"中层概念"在领域的概念中应该更具代表性，所以综合法对许多本体的开发者而言最便捷。如果想要收集更多更广泛的实例，那么自底向上的方法更加适合。但是无论选择哪种方法，都要从"类"的定义开始。

⑤ 定义类的属性(property)。

领域本体模型若仅有类的等级体系，则不足以提供系统能力问题所需的答案。所以对类进行定义之后，就应该描绘概念间的内在结构。

从术语列表中筛选出上个步骤得到的类，则绝大多数剩下的术语可能是这些类的属性。一般来说，类的属性选取越多对类刻画得越具体，但是属性的选取应该根据研究问题的需要，没有必要选取所有的属性。通常，有几种类型的对象属性能够成为一个本体中的属性：

a. "内在"属性(intrinsic property)，例如员工的姓名、性别等。

b. "外在"属性(extrinsic property)，例如员工所属的组织部门。

c. 与其他个体的关系(relation)。此处的"关系"是指某个类中的个体成员与其他类的个体成员之间的关系。这种关系可以是物理的、逻辑的或者功能上的关联。通常本体中个体之间存在聚集、归纳和关联三种关系:聚集关系可用 part_of 或 has_part 结构进行表达,它表示概念之间部分与整体的关系;归纳关系可用 is_a 结构进行表达,类型层次树中子类和父类之间的关系就是归纳关系。

⑥ 定义属性的侧面(facet)。

一个属性可能由多个“侧面”组成。一个属性的“侧面”就是有关属性的取值类型(value type)、定义域(domain)、值域(range)、允许取值(allowed values)、取值个数(cardinality,又称为集的势或基数)以及属性取值的其他特征。

⑦ 创建实例。

实例(instance),又称个体,是类的实例。从语义上讲实例表示的就是对象,是本体中的最小对象,它具有原子性。定义某个类的所属实例首先要创建该类的一个实例,然后添加这个实例的具体属性值。

通过以上建模步骤的描述,可知该方法可以有效地进行领域本体模型的构建,但在具体的建模过程中可以不拘泥于以上步骤,如第五步和第六步关系比较紧密,都是对类的属性的定义,在具体编辑实现过程中可以将两者结合起来。

目前本体工程尚处于相对不成熟的阶段,每一个工程拥有其独立的本体建模方法。中国科学院的李景博士对这几种方法之间进行了比较,并将这几种方法和 IEEE1074 - 1995 标准作了比较,提出构建本体的成熟度的概念。

这几种方法体系的成熟度依次为:七步法、Methontology 法 > IDEF-5 法 > TOVE 法 > 骨架法。

2.2.2.4 描述逻辑

本体语言使得用户能够为领域模型编写清晰的、形式化的概念描述,将自然语言描述按特定的形式化方法描述出来,因此它要求满足:良好定义的语法(well-defined syntax)、良好定义的语义

(well-defined semantics)、有效的推理支持(efficient reasoning support)、充分的表达能力(sufficient expressive power)、表达的方便性(convenience of expression)。现有的本体描述语言有 XML、RDF 和 RDF-Schema、DAML、OIL、OWL、KIF、LOOM、CYCL 等,大都是以描述逻辑为基础,在为语义互联网提供支持的研究开发过程中一脉相承发展而来的,基于本体进行知识的描述、转换和利用强大的推理机进行逻辑推理等。

描述逻辑是一种用来描述概念和概念层次关系的谓词逻辑的子集合,具备完备和正确的推理算法。描述逻辑比一阶谓词逻辑更适合于本体工程构建和推理检验,也是主流本体推理引擎的形式化基础。SHIQ 是一个既具有较强表达能力,又具有完备推理算法的描述逻辑语言,它主要包含合取、析取、存在量词、全称量词、否定、数量约束等构造因子,是在描述逻辑 SHIF 上通过添加数量限定因子扩展而来的。所以本书采用 SHIQ 逻辑来对本体存储的逻辑来进行描述,SHIQ 的语法和语义如表 2-1 所示。

表 2-1 SHIQ 语法和语义

	语法	示例语义
原子概念	A	$A^I \subset \Delta^I$
原子关系	R	$R^I \subset \Delta^I \times \Delta^I$
合取因子	$C \cup D$	$C^I \cup D^I$
析取因子	$C \cap D$	$C^I \cap D^I$
否定因子	$\neg C$	$\Delta^I \backslash C^I$
存在量词	$\exists R.C$	$\{x \mid \exists y,(x,y) \in R^I \wedge y \in C^I\}$
全称量词	$\forall R.C$	$\{x \mid \forall y,(x,y) \in R^I \Rightarrow y \in C^I\}$
数量量词	$\geqslant nR.C$	$\mid x \in \Delta^I \mid \# \mid y \mid y \mid (x, y \in R^I) \mid \geqslant n \mid$
	$\leqslant nR.C$	$\mid x \in \Delta^I \mid \# \mid y \mid y \mid (x, y \in R^I) \mid \leqslant n \mid$
枚举因子	$\{a_1, a_2, \cdots, a_n\}$	$a_1{}^I \cdots a_n{}^I$
逆反关系	R^-	$\mid (y,x) \in R^- \mid (x,y) \in R \mid$

2.2.3 Petri 网

Petri 网是一种系统的既有数学分析又有图形描述的工具，适合对具有并发、互斥、冲突等特性的离散事件系统进行建模。Petri 网的概念最早见于 1962 年 C. A. Petri 的博士论文 *Communication with Automata* 中，目的是使“并发这一基本概念具体化”。Petri 网引起了欧美学术界和工业界的注意，后来逐渐为科技界所接受。经过 40 年的发展，Petri 网理论日臻完善。由于 Petri 网具有简洁、直观、潜在模拟能力强等特点，已被广泛应用于各个领域进行系统的建模、分析和控制，如通信协议的验证、网络性能的分析、并行程序的设计、柔性制造系统的控制、知识推理以及人工神经元网络等。

Petri 网综合了数据、控制流和状态转移，能方便地描述系统的分布、并发、同步、异步、冲突等特性，而冲突的地方又恰好可以是由人员对系统进行干预和控制的地方，表现了人与系统的交互性。同时，用令牌在网上的分布变化来表示系统资源的重新分配，作为交互的媒介，也统一了内外事件的格式。另外，Petri 网在变迁时间方面的扩展，如时间 Petri 网(timed petri nets—TPN)、随机 Petri 网(stochastic petri nets—PN)、广义随机 Petri 网(generalized stochastic petri nets—GSPN)等更为清楚地表现了系统运行的时间因素，从而更加真实地描述了动态系统的随机特性。

用 Petri 网描述系统有一个共同的特征：系统的动态行为表现为资源(物质资源和信息资源)的流动。Petri 网中总是包含两种元素：P 元素(状态元素)和 T 元素(变迁元素)。它们所组成的集合是不相交的，将现实世界中的实体解释为被动元素时，就由 P 元素表示(发生条件、地点、资源、等待队列和信道等)，将现实世界中的实体解释为主动元素时，就由 T 元素表示(事件、变迁、动作、语句的执行和消息的发送/接受等)。

2.2.4 模型检验

模型检验是形式化验证的一种方法，它是一种基于有限状态模型并检验该模型的期望特性的技术。粗略地讲，模型检验就是对模型的状态空间进行蛮力搜索，以确认该系统模型是否具有某些性质。搜索的可终止性依赖于模型的有限性。模型检验主要适用于有穷状态系统，其优点是完全自动化并且验证速度快；模型检验可用于系统部分规格，即对于只给出了部分规格的系统，通过搜索也可以提供关于已知部分正确性的有用信息；此外，当所验证的性质未被满足时，将终止搜索过程并给出反例，这种信息常常反映了系统设计中的细微失误，因此对于用户排错有极大的帮助。在模型检验中涉及两种形式说明语言：性质说明语言用于描述系统的性质；模型描述语言用于描述系统的模型。模型检验技术用于检验由模型描述语言描述的系统模型是否满足由性质说明语言描述的系统性质。

模型检验技术离不开模型检验工具的支持，现有的模型检验工具主要有以下几种：美国 Carnegie Mellon 大学（CMU）和意大利科学技术研究中心 Istituto per la Ricerca Scientifica e Tecnologica（IRST）联合开发了模型检测新工具——NuSMV；由贝尔实验室的形式化方法与验证小组开发的 SPIN；斯坦福和伯克利大学合作开发的 SAL；英国伯明翰大学和牛津大学共同开发的 PRISM；加州大学伯克利分校开发的 BLAST；Carnegie Mellon 大学开发的 MAGIC；美国国家航空航天局开发的 JavapathFinder（JPF）；嵌入式和实时系统的一致性进行黑盒测试的 T - UPPAAL。

2.2.5 分析和说明

基于模型的形式化方法主要是以形式语言为基础的描述与分析方法，它们具有严格的定义，并且可借鉴形式语言中完善的分析技术。例如,可利用标准逻辑的定理证明或化简工具实施系统的形式化验证。但 Z 概念描述异构系统和并发问题存在一定的困难,VDM 同样存在这一问题。

进程演算形式化方法(如通信演算系统 CCS 和通信顺序过程 CSP 方法),对于分布式系统的形式化分析,都能较好地表达系统的并发特性,具有很强的描述能力和一定的分析演算能力。但它们类似于自动机,其处理是针对系统运行机制的,不能反映系统的物理结构信息,不便于结构设计和处理;描述更为复杂,也不便于控制操作,并且不能很好地反映其并发行为。因此,相比其他形式化方法而言,进程演算方法对于实现开发的人员可能较难理解和掌握。

基于逻辑的分析方法,所应用的逻辑中大多数都是谓词逻辑或者模态逻辑的扩展形式。这类方法的共同特点是为系统的描述和性质证明提供了一种简洁方式,并具有严格的推理机制。它们能够模拟系统的并发现象,应用公理的形式明确表达系统的行为性质,并且时序线性逻辑可以分析验证系统的时序性质。但是它们是针对系统运行机制处理的,不能很好地体现系统的物理结构,在这一点上不如图形化的形式化方法直观且便于用户建立系统的动态运行模型。和进程代数形式化方法相比,基于逻辑的方法可以验证系统的安全属性,基于 CCS,CSP 等进程演算的方法不能给出逻辑公式和证明。但是,用基于逻辑的形式化方法描述与验证过程过于抽象,不便于系统结构的设计和调整,也不便于系统的开发和应用者掌握。

Petri 网的方法适合于展示系统的组成结构和动态运行,既具有严格的数学定义又具有可视的图形描述及相应的工具帮助分析实现等特点。Petri 网的方法能够使用代数分析技术来刻画系统的结构,建立状态可达的线性系统关系;使用 Petri 网的图分析技术,可展现系统的运行机制,分析系统的动态行为;使用 Petri 网的归纳分析技术,可缩小系统的可达状态空间,降低系统分析的复杂度;使用 Petri 网描述能够形式表示和分析系统的动态行为性质。Petri 网不仅有图形化直观的模型表达,也有严谨和形式化的数学分析过程;不仅能单独对系统进行建模,还能将系统模型转换为其他理论表达形式,可见其建模表达以及分析验证能力的强大和全面。

基于本体的方法在于建立领域内标准和可共享的模型,将领域知识形式化地抽取为概念、关联和规则。由于抽取的概念必须得到领域认可,所以基于这些概念、关联和规则就构成了有明确定义的模型。构成模型的概念可以作为领域描述语言的词汇,关联和规则构成了描述语言的语义基础。同样的概念和关联构成了领域验证系统的数据模型,由概念构成的规则构成了验证系统的算法模型。

形式化方法近 20 年的发展告诉我们,形式化方法并不是万能的,也有自己的适用范围,不应被夸大。从应用角度来看,过度的数学专业技能、形式化规格和最终软件产品转化的难度、有限的通用性、额外的教育和培训、成本投入和收益的存疑,都使得还处在发展阶段的形式化方法并不能完全代替现有成熟的软件开发方法。但是安全关键软件对于可信性质的苛求和形式化方法的精确性使这种结合成为必要,在适当的开发阶段对安全关键的软件部件采用形式化方法进行辅助开发和验证已经成为共识,并在国外得到成功的示例应用。形式化方法克服了自然语言中的含混不明,其优越性在于早期建模和验证,同时可用来支持验证系统(如 C,C ++ 等)。现将经典数学、形式化方法和系统开发之间的关系归纳总结(见图 2-4)。

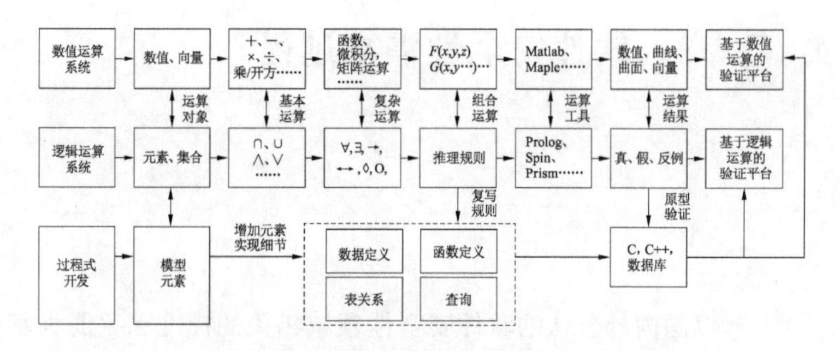

图 2-4　数学建模和过程式开发的对应关系

2.3　本章小结

本章介绍了与本书研究内容相关的若干基本知识，包括：软件安全性相关概念，形式化方法定义和分类，本体的概念定义、形式定义、建模方法，Petri 网建模方法和模型元素定义，模型检验方法和支持工具，形式化方法的对比分析，经典数学、形式化方法和系统开发之间的关系。这些内容是后续研究的基础与参考。

第3章　软件安全性需求过程

本章以国内外公认的软件安全性领域相关的标准和手册为基础对软件安全性需求工作过程进行了研究，分析给出了软件安全性需求工作的核心流程并将其划分为软件和系统安全性阶段、软件安全性策划阶段和软件需求阶段三个子过程，阐述了在不同的软件安全性需求子过程中涉及的活动内容，同时对以上过程和活动内容中出现的名词的定义和解释、方法和要求加以提炼和描述，为后续的软件安全性需求建模做好抽象的准备。

3.1　标准和手册

本书选择了国内外公认的具有高可信度的一系列标准为研究基础，遴选的标准见表3-1。因为本体的核心是共享概念的明确的形式化说明，所以从标准中抽取和建立的本体概念、关联、公理可以确保得到广泛的认可。

表3-1　遴选的标准库

序号	标准号	标准中文名	标准英文名
1	RTCA－178B	机载系统和设备合格审定中的软件考虑	Software considerations in airborne systems and equipment certification
2	Joint Software System Safety Committee	软件安全性手册	Software system safety handbook
3	NASA-STD-8719.13B－2004	软件安全性标准	NASA software safety standard

续表

序号	标准号	标准中文名	标准英文名
4	NASA-GB-8719. 13	软件安全性指南	NASA software safety guidebook
5	FAA	系统安全性手册	System safety handbook
6	SSP 50021	安全性需求文档	Safety requirements document
7	NSTS 19943	北约客户命令要求和指南	Command requirements and guidelines for NSTS customers
8	AFISC SSH 1-1	系统安全性手册—软件安全性	System safety handbook-software system safety
9	EIA Bulletin SEB6	软件开发中的系统安全性工程	A system safety engineering in software development
10	GJB/Z 102-97	软件可靠性和安全性设计准则	Software reliability and safety guidebook
11	GJB/Z 102-97	军用软件安全性分析指南	Guide for military software analysis
12	IEEE Std 1228-1994	IEEE 软件安全性计划标准	Standard for software safety plans

3.2 过程概述

软件安全性需求的相关工作在国外已经开展多年,人们已积累了丰富的经验,也形成了相关的标准和文档。软件安全性需求工作的根本首先在于在过程中跟踪分析安全性因素,对于不同安全等级的安全性对象制订不同的安全性要求。安全性因素随开发过程不断演化,逐渐具体,同时在不同的阶段会以不同的形式和特点表现出来,必须加以识别、定义、跟踪和分析。具体的软件安全性需求工作过程如图3-1所示。

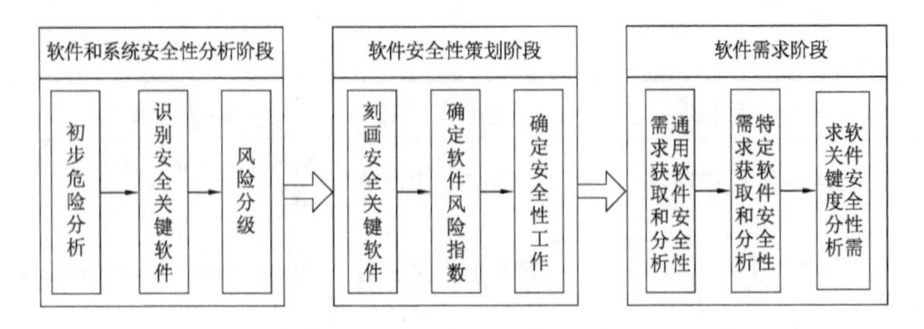

图 3-1　软件安全性需求工作过程

3.3　软件和系统安全性子过程

3.3.1　初步危险分析

软件安全性需求分析工作由实施系统的初始安全性风险评估来启动。初步危险分析(PHA)通常在系统开发的早期进行,标识正在开发系统中可能发生的事故和引起事故的危险及其原因因素,所以本书首先对事故和危险的相关内容做出如下描述。

事故是一个未策划的事件或者事件序列。事故会导致死亡、伤害、职业病、设备和财产的损坏或丧失、对环境的破坏,是一种不期望发生的意外情况。

事故至少由一个危险引起,不同的危险情况可能会导致同样的事故。

危险是存在潜在的风险状况,这种状况可能造成灾难性的事故,是灾祸的先决条件。

每个危险至少有一个原因,反过来,危险原因可能会导致一些后果(例如损害、疾病和失效)。

危险原因可以是一个硬件缺陷、一个人员操作失误、一个不期望的输入或事件,并且它会导致一个危险。

危险控制是一种用于预防危险、降低危险发生可能性或者降低危险影响的方法。危险控制使用硬件、软件、操作员规程或者这些方法的组合,以避免危险。

对于每一个危险原因,必须至少有一个控制方法。通常,这些方法是一个设计特征(硬件和/或软件)或者一个过程性步骤。每个危险控制都将要求验证,验证可以通过测试、分析、审查或演示来进行。关键性的危险原因要求有两个独立的控制。灾难性的危险原因要求有三个独立的控制。

尽管软件可以用来检测和控制危险,但是软件失效也可能造成危险的发生。某些软件危险的原因可以采用硬件危险控制来处理。然而随着软件变得越来越复杂,这种方法也变得越来越不切实可行。

初步危险分析(PHA)是很重要的安全性分析步骤,因为它是其他安全性分析和系统安全性任务的基础,记载了系统的危险,为需要跟踪和解决的相关风险和危险提供了一个初步的框架,可以用于标识安全关键的系统。初步危险分析过程包括:

(1)标识系统级危险;

(2)标识危险原因;

(3)至少为每一个危险原因标识一个危险控制;

(4)至少为每一个危险控制标识一个验证方法。

3.3.2 识别安全关键软件

软件本身并不能伤害你,但是软件并不单独存在。它在一个电子系统(计算机)中运行,并且常常控制其他硬件。通过初步危险分析标识出系统可能的危险,如果软件可能直接导致一个危险或者用于控制一个危险,那么它就是危险的。

危险的软件包括下述所有软件:

- 它是一个危险原因;
- 它是一个危险控制;

- 它为安全性关键的决策提供信息；
- 它被用做一种失效/故障检测的手段。

安全关键软件包括危险的软件（能够直接导致危险或者控制危险），安全性关键软件还包括能够影响危险软件的所有软件。

如果软件控制或者监视危险的安全关键硬件或软件，那么该软件就被认为是安全性关键的。这种软件通常驻留在远程、嵌入式、实时系统中。例如，用于控制一个密封舱或者操作一个高能激光器的软件是危险的，并且是安全关键的；用于监控火灾检测系统的软件也是安全性关键的。

为有关安全性的决策提供必要信息的软件属于安全关键软件。如果在温度超过某个阈值时，某个人必须关闭某一个硬件，那么，读取该温度数据并将其显示给该操作员的软件是安全关键的。沿着该链路，从读取硬件温度传感器，将读取值转化为适当的单位，到在屏幕上显示该数据的所有软件都是安全关键的。

完成脱机处理的软件也可能被认为是安全关键的。例如，验证软件或硬件危险控制的测试软件必须正确的运行。该测试软件的失效可能造成某些潜在危险被遗漏。此外，在验证危险控制或者安全性关键软件的分析中所使用的软件也必须正确的运行，以防在无意中忽略了一个危险。建模程序和仿真程序就可能是两种安全性关键的脱机软件。我们经常依靠软件模型和仿真程序来预测部分或全部的系统采取的反应，对硬件、软件和/或操作员规程的设计做出更改。如果系统模型不能适当地描述安全性关键的状况，那么设计差错可能无法检测出来。

如果软件与安全关键软件一起驻留在同一个物理平台，那么，除非该软件被适当地与安全关键部分相隔离，否则，该软件也必须视为是安全关键的。当非安全性关键软件（例如数据处理算法）与安全关键软件共享一个 CPU 或者任何例行子程序时，可能锁上该计算机或者写入关键的存储器区域。防火墙和隔离之类的技术可以用来确保非安全性关键软件不能中断或者破坏安全性关键的功能和操作。

总之,如果软件执行了下列任何一个功能,那么,它就会被识别为安全性关键软件:

➢ 控制危险的或者安全关键的硬件或者软件;

➢ 作为危险控制的一部分,监督安全性关键的硬件或者软件;

➢ 提供进行安全性有关决策所需要的信息;

➢ 执行可能影响自动或者人工危险操作的分析;

➢ 验证硬件或者软件危险控制。

3.3.3 风险分级

危险分析并不关心危险是否发生。所有危险都是不好的,即使这些危险的出现不可能也是如此。然而,通常没有无限制的时间和金钱用来处理所有可能的危险。必须以某种方式给出这些危险的优先顺序。这种顺序便产生了风险的概念。

风险是下述两个方面的结合:(1)大纲或者项目将经历一个不期望事件的可能性;(2)不期望事件发生的后果、影响或者严酷度。

每个项目或大纲需要利用在机构级方针、规程和标准中规定的定义来详细说明一组"危险严酷度"等级。表3-2和表3-3分别给出了危险严酷度定义和出现可能性定义。

表3-2 危险严酷度定义表

危险严酷度定义	灾难的 人身死亡或者永久性残废;整个系统报废;地面设施报废;严重的环境损害	关键的 严重的伤害或者暂时丧失工作能力;重大的系统或者环境损害
	适度的 较小伤害;较小的系统损害	轻微的 没有或轻微的伤害;存在一些系统应力,但没有系统损害

表 3-3　出现可能性定义表

<table>
<tr><td rowspan="3">出现可能性定义</td><td>极可能
事件经常发生，例如每 10 次就出现 1 次或 1 次以上</td><td>很可能
在产品的生命周期间将出现若干次</td></tr>
<tr><td>可能
在产品的生命周期间可能出现几次</td><td>不大可能
在产品的生命周期间出现的可能性很小</td></tr>
<tr><td colspan="2">不可能
出现的可能性极小</td></tr>
</table>

与危险严酷度定义一样，每个项目或者大纲需要定义危险“出现的可能性”。可能性既可以表示为量化的概率，也可以表示为定性的测量。一个给定事件的可能发生概率通常取决于工程判断而不取决于严密的计算，在涉及软件时更是如此。

将这两个概念组合起来产生一个单一的危险风险指数值。这样便可以对危险进行优先级排序，并对风险进行管理。基于上述定义，系统风险指数如表 3-4 所示。

表 3-4　危险优先级－系统风险指数表

严酷度等级	出现可能性				
	极可能	很可能	可能	不大可能	不可能
灾难的	1	1	2	3	4
关键的	1	2	3	4	5
适度的	2	3	4	5	6
轻微的	3	4	5	6	7

注：1＝最高优先级（最高系统风险），7＝最低优先级（最低系统风险）

对于确定资源分配和风险接受而言，对危险进行优先级排序十分重要。对于 NASA 来说，不允许在一个系统设计中存在最高风险。具有危险风险指数“1”的系统设计必须重新进行设计，以消除或者缓解危险出现的概率和/或严酷度等级到可接受的范围。最低风险指数要求最少的安全性分析或者控制。对于等级 2－4，安全性分析的数量随着风险等级的变高而增加。系统风险指数和安全性分析等级的对应关系如表3-5所示。

表3-5　系统风险指数和安全性投入的对应关系表

系统风险指数	推荐的安全性投入类别
1	禁止
2	充分
3	适度
4,5*	最低
6,7	无(可选)

注:5*落在最低和可选之间,应对其进行评价,以确定所要求的安全性活动类别。

3.4　软件安全性策划子过程

如果初步危险分析(PHA)揭示任何软件是安全关键的,那么就必须启动一个软件安全性策划子过程。系统风险指数规定了系统作为一个总体的危险风险。系统的软件元素继承系统的风险,并依据软件对危险元素的控制、缓解或交互的程度加以修改。此外,软件和开发环境的复杂性都起作用。

软件安全性策划子过程可以通过下述三个步骤来完成:

(1) 标识安全性关键软件;

(2) 确定安全性关键软件的关键性;

(3) 确定开发工作的范围和所要求的监督。

3.4.1　刻画安全关键软件

在确定一个软件是不是安全性关键软件时,可靠性也是一个因素。软件的可靠性很难确定。迄今为止,大多数软件的可靠性采用定性而不是定量的表示。软件既不耗损,也不破裂。它有大量的状态,不可能进行充分的测试。例如,软件与硬件一个重要区别是软件所实现的许多数学函数不是连续函数,而是具有任意数目的不连续点。尽管可以采用数理逻辑来处理不连续函数,但是,所产生的软件可能具有大量的状态并且缺乏规律性。NASA 认为通常不可能在合理的时间内通过测试一个中到大型(超过 40000 行代码)的软件系统的所有可能状态来确定可靠性值并证明设计的正确性。

NASA 使用的许多软件是“一次性”代码,这些代码是为某个特定的操作/任务而编写的,然后将永远不再使用。也就是说,很少或者没有重复使用,因而,几乎没有多少长期使用的记录来提供关于软件可靠性的统计数据。即使是使用若干次的代码,也常常进行修改。可靠性估计需要广泛的软件测试。除了使用形式化方法来获取需求和/或设计等极少情况之外,软件测试只能在初步的代码已经生成之后才能开始,通常是在开发周期的后期。那时,穷举测试已经不在进度或者预算的范围之内,因而很难建立软件可靠性和设计正确性的准确数值。

如果软件的固有可靠性不能准确地进行测量或者预测,并且大多数软件不能穷举地进行测试,那么,就必须利用系统的其他特性来去满足安全性目标所需要的工作级别。

下述特性对软件开发者创建可靠、安全软件的能力有很大影响。

(1) 控制程度:软件对系统中安全关键功能行使控制的程度。

如果软件出错可能引起危险,那么它就是安全性关键软件。例如,同只需要识别危险条件并通知操作员采取必要的安全性措施所需要的软件相比,认可危险条件并执行自动化安全控制措施、提供安全关键服务或者禁止危险事件的软件将需要更多的软件安全性资源和更详细的评估。操作员必须有独立于软件的冗余数据来源，使他们能够在危险可能发生之前检测令人误解的软件数据并对它做出正确的反应。在操作员仅仅依靠软件来监视关键性功能的情况下，要求进行全部的安全性工作。

(2) 复杂性：软件系统的复杂性。复杂性越高，出错的机会就越大。

用于危险控制的安全性相关软件需求的数目增加软件复杂性。复杂性的一些粗略度量包括由软件控制的子系统数，以及在软件/硬件、软件/用户和软件/软件子系统之间的接口数。交互的、并行执行的进程也增加复杂性。值得指出的是，只有在高级设计成熟时（即详细设计或编码阶段）才能量化系统的复杂性。

(3) 定时关键性：危险控制措施的定时关键性。

具有软件危险控制的系统必须做出的反应速度是一个主要因素，行使控制的速度需要比人或者机械系统能做出反应的速度更快。在使用软件控制的情况下，可能在故障完全失效之前对故障进行检测和遏阻。因此，即使那些需要在若干微秒内对某些关键性情况做出反应的实时嵌入式软件系统也可以被设计成能检测和避免危险，并在出现危险时对危险进行控制。系统响应的实时程度取决于该系统的要求和特点。例如，在地球轨道上飞行的航天飞机可能需要若干小时或者若干天的周转时间，以便将可能的危险通知给指挥管理者，并等待关于如何处理的回复命令。这种情况很可能超过危险发生所需要的时间。因此，机载软件和/或硬件必须自主地处理这种情况。

3.4.2 确定软件风险指数

软件对系统功能行使的控制程度是决定所要求的安全性工作范围的一个因素。MIL－STD－882C 按软件对系统的控制程度将软件分类（见表 3-6）。

表 3-6 软件控制程度和软件控制的对应关系表

软件控制类别	控制程度
1	软件对潜在危险的硬件系统、子系统或部件行使自主控制,而不可能进行干涉来防止危险的发生。软件的失效或者对防止某个事件的一个失效直接导致危险的发生
2	软件对潜在危险的硬件系统、子系统或者部件行使控制,同时允许独立的安全系统有时间干涉缓解危险。但是,这些系统单靠本身并不安全
3	软件项显示要求操作员立即采取措施以缓解危险的信息。软件失效将导致危险可能发生或者不能防止危险的发生
4	软件项越过潜在危险的硬件系统、子系统或者部件发布命令,要求人员采取措施以完成控制功能。对每一个危险事件存在若干冗余独立的安全性措施
5	软件生成具有安全性关键属性的信息,以用于进行安全性关键的决策。对每一个危险事件存在若干冗余独立的安全性措施
6	软件既不控制安全性关键的硬件系统、子系统或者部件,也不提供安全性关键的信息

复杂性还会增加出差错的可能性。差错导致故障的可能性,而故障可能导致失效。

软件控制程度和软件控制的对应关系见表 3-7。

表 3-7 软件控制程度和软件控制的对应关系表

<table>
<tr><th>软件控制</th><th>控制程度</th></tr>
<tr><td rowspan="3">1
(系统风险指数 2)</td><td>软件部分或者完全自主控制安全关键功能</td></tr>
<tr><td>具有多个子系统、交互式并行处理器或者多个接口的复杂系统</td></tr>
<tr><td>某些或者全部安全性关键功能都是时间关键的</td></tr>
</table>

续表

软件控制	控制程度
2 和 3（系统风险指数 3）	控制危险，但其他安全性系统能够部分的缓解
	检测危险，通报操作员需要采取安全性措施
	适度复杂性，具有很少子系统和/或少数接口，没有并行处理
	某些危险控制措施可能是时间关键的，但不超过操作员或者自动系统响应所需要的时间
4 和 5（系统风险指数 4）	如果软件出现故障，存在若干缓解系统以防止危险
	冗余的安全性关键信息来源
	稍微复杂的系统，有限的接口数
	缓解系统能够在任何关键时间段内响应
6（系统风险指数 5）	不控制危险的软硬件
	不为操作员产生安全性关键数据
	仅有 2 ~3 个子系统和有限数目接口的简单系统
	不是时间关键的

软件风险矩阵（见表 3-8）是以危险类别作为列和软件控制类别作为行形成的。与系统风险指数不同，软件风险矩阵的低指数数值并不意味着设计是不可接受的。更准确地说，它指出需要更多的资源用来分析和测试该软件及其交互的系统。

表 3-8　软件风险矩阵表

软件控制类别	危险类别			
	灾难的	关键的	适度的	轻微或极小的
系统风险指数 2	1	1	3	4
系统风险指数 3	1	2	4	5
系统风险指数 4	2	3	5	5
系统风险指数 5	3	4	5	5

表3-9中给出了软件风险指数的解释。风险的等级确定应运用于软件的分析和测试工作量。

表3-9　软件风险指数表

软件风险指数	风险定义
1	高风险:软件控制灾难的或者关键的危险
2	中等风险:软件控制降低了但仍然显著的灾难性或关键的危险
3~4	适度风险:软件控制较不显著的危险
5	低风险:软件控制轻微的危险,或者几乎无软件控制

3.4.3　确定安全性工作

软件风险指数(见表3-10)为一个系统确定所要求的软件安全性工作级别。他们之间的映射基本是:软件风险指数1等于充分工作,软件风险指数2和3等于适度工作,以及软件风险指数4和5等于最少工作。然而,如果软件指数风险是2,就要考虑它是否是“高”2(比较接近等级1—更大风险)。高2应遵循充分的安全性工作,或者介于充分和适度之间的安全性工作。还有,如果软件风险指数是高4,那么安全性工作就落在适度类。

表3-10　软件风险指数表

软件系统风险指数	危险严酷度等级			
	灾难的	关键的	适度的	轻微或极小的
系统风险指数2	充分	充分	适度	最小
系统风险指数3	充分	适度	最小	最小
系统风险指数4	适度	适度	最小	无
系统风险指数5	最小	最小	无	无

值得指出的是,不参与任何危险功能的软件仍然需要最少软件安全性工作。在正常情况下,这种软件可能不需要安全性工作,

可是在具有灾难危险和关键危险的情况下,应对非安全性关键软件进行评价,以确定是否存在可能导致危险、损害危险控制或缓解的那些可能的失效和不期望的行为。

3.5 软件需求子过程

随着软件开发生存周期的进展,纠正软件故障和错误的费用将显著提高,因此,从一开始就纠正错误并实现正确的软件需求就显得十分重要。

软件组件的需求通常被表达为一些功能,软件安全性需求从不同的来源中获得,通常可以分为两类:通用的和特定的。通用的软件安全性需求从一些需求集合推导而来,这些需求集合可以在不同的大纲和环境中解决共同的软件安全性问题。

3.5.1 通用安全性需求获取

类似的处理器、平台、和/或软件可能遭受类似或者相同的问题。通用的软件安全性需求从一些需求和最佳实践的集合中推导出来,这些需求和最佳实践可以在不同的大纲和环境中用于解决共同的软件安全性问题。它们本身并不是安全性专用的(即不与特定系统危险相联系),但都根据以往发生的导致灾祸或潜在灾祸的失效或错误的系统经验教训总结得到。通用的软件安全性需求获取这些经验和教训,并向开发者提供有价值的资源。

利用经过证明的现有技术和经验教训,而不是重新发明技术或者重复以前的错误,通用的需求可以预防昂贵的重复性工作。大多数开发大纲应能够利用某些通用的需求。不过,这些需求应谨慎使用,并且可能需要针对项目加以剪裁。

3.5.2 特定安全性需求获取

3.5.2.1 故障和失效容错

大多数安全关键系统采用失效容错来达到某个可以接受的安全性程度。尽管这主要是通过硬件来达到的,但是软件也很重要,因为不正确的软件设计能够使硬件的失效容错无效,反之亦然。虽然失效容错或者故障容错的实际实现是一个设计问题,但是,必须在软件需求中说明这种设计是否必要或者必要到何种程度之类的问题。

虽然并不是所有故障都导致失效,但是,每一个失效都是由于一个或者多个故障而造成的。故障是某种不影响系统功能性的错误,例如,来自输入、计算、输出的有害数据,未知的命令,或者在某个未知时间到来的命令、数据。如果进行了适当的设计,那么,通过检测并智能地纠正这些错误,软件或者系统就能够对错误做出正确的响应。这包括通过范围检查来检查输入和输出数据、将其值设置为某个已知的安全值、请求和/或等待下一个数据点。

偶尔出现的有害I/O、数据或者命令不应认为是失效,除非这些情况太多并且系统不能处理它们。程序应将一个或者多个智能故障收集例行子程序作为它的一部分,以便跟踪并可能记录错误的数目和类型。然后,这些故障收集例行子程序既可以处理为警告、报警、和/或恢复软件系统,也可以在一段时间内故障数目或者故障类型的组合指示系统失效即将来临时向某个更高级的控制发出一个标记。在具有故障时,系统应继续正常运行。

失效容错的设计检测一个失效,并将软件和/或系统置入一个已变更的操作状态,既可以通过切换到后备软件或者硬件(例如,候选的软件例行子程序或者程序、后备CPU、从属的传感器输入或者阀门关闭),也可以通过减少系统的功能性并使之继续运行。

重要的是,在项目的早期决定系统是否需要故障容错、失效容错或者二者兼而有之。构造故障容错的系统,以便处理那些最可能的故障和某些可能性较小但危险的故障。处理故障通常有助于防止软件或者系统进入失效。故障容错的缺点是它要求在非常低的级别具有多重检查和监督。如果一个系统是失效容错的,那么,它将忽略大多数故障,并只对较高级别的失效做出响应。一个假设是失效要求较少的工作,失效的检测、隔离、停止或者恢复都比较简单。项目必须权衡每种方法的成本和效益,并确定哪一种方法将提供最大的安全性,而需要的成本和工作量最少。

对于安全性关键系统,最好要求都具有某种程度的故障容错和失效容错。故障容错使大多数较小的错误不会发展成为失效。无论是作为故障收集/监视例行子程序的结果,还是通过直接的失效检测例行子程序和/或硬件,失效仍然必须进行检测和处理。故障容错和失效容错必须由系统工程师、软件工程师和安全性工程师确定这两者的适当混合,以满足你的特定系统的需求。

如果发生太多的故障或者很严重的失效,那么,可能有必要以某种有序且安全的方式关闭系统本身。这正是要考虑系统是否具有要求的能力去执行有序关闭(例如,电池后备)的良好时刻。例如,如果系统不得不在断电之前关闭阀门,那么,就要求具有后备电源供应,以使系统在电源失效时能够执行这种措施。

软件对额定范围外情景的响应应能够处理安全性考虑事项,并且适合于该情况的。在许多情况下,系统完全关闭可能是不适当的。

3.5.2.2　危险命令

危险命令是一种命令,其执行(包括无意的、不按顺序的或者不正确的执行)可能导致某种已标识的、关键性的、灾难性的危险,或者其执行可能导致降低对危险的控制(包括降低对某个危险的失效能力或者消除对某个危险的禁止)。命令既可以是软件集合内的(从一个部件到另一个部件),也可以是外部的,并穿过硬件或者操作员的接口。由于通信通道的噪声、连接中断、设备发生故障、人员差错,较长的命令路径将会增加某种不期望的或者不正确的命令响应的概率。

3.5.3 需求关键性分析

需求关键性分析是标识具有安全性的需求,应用关键性分析的一种方法是分析软件/硬件系统的危险并标识可能出现灾难性或者关键性危险的那些需求。如果存在这样的需求,则该需求将被认为是安全关键的,然后将对这些需求进行安全性追踪,以确保在整个软件开发生存周期内软件安全性需求的可追踪性,从最高级别的规格说明一直跟踪到代码和测试文档。在确定安全性需求之后,将使用风险的概念来对需求或者部件的关键性进行排序,作为后续安全性投入分配的依据。

3.6 本章小结

本章首先介绍了遴选的国内外公认的软件安全性领域相关的标准和手册,分析给出了软件安全性需求工作的核心工作流程和工作内容,并将其划分为软件和系统安全性阶段、软件安全性策划阶段和软件需求阶段三个子过程。在软件和系统安全性阶段,分析了事故和危险的概念和关联、安全关键软件的识别特征、初步危险分析所需要的工作、危险的风险如何分级等。在软件安全性策划阶段,分析了标识和确定软件安全性等级和投入的方法和原则,分析了如何定义软件控制程度、复杂性、定时关键性,分析了软件控制程度、软件控制力和确定软件风险指数的关系。在软件需求阶段,分析了通用安全性需求和特定安全性需求的来源和内容,介绍了需求关键度的分析方法。本章的研究内容将为后续建立软件安全性需求本体模型和相应的子模型做好准备,同时也为后续的软件安全性需求的静态验证做好准备。

第4章　软件安全性需求形式化建模

本章的研究内容包括基于本体建模方法的软件安全性需求静态建模和基于扩展 Petri 网的软件安全性需求动态建模，为后续的软件安全性需求验证提供基础模型的支持，为工具原型的静态数据结构定义和动态数据结构定义提供支持。

已有的标准和文档存储了大量和软件安全性需求相关的领域知识，前述软件安全性需求工作过程的提炼和描述是建立软件安全性需求静态模型的知识基础。计算机可处理的自动化不仅需要领域知识，还需要对知识进行形式化处理。

安全关键软件日益复杂，仅仅依靠静态的需求描述在反映软件的复杂动态行为及其约束时明显存在不足。图形化、可动态运行的模型能更清晰地描述软件功能实现和满足需求的动态行为特征，但是这同样也需要给出其形式化的定义才能支持计算机处理，同时软件的安全性和复杂性对基本动态模型的描述能力也提出了相应的扩展要求。

4.1　基于本体的静态建模

4.1.1　本体建模

目前还没有一个统一的方法来开发本体模型，但是比较公认的对本体建模方法体系的成熟度评价依次为：七步法，Methontology 法 > IDEF-5 法 > TOVE 法 > 骨架法 > Sensus 法，Kactus 法。因此，本书选用成熟度较高，并且易于组织实现的方法——“七步法”。该方法是斯坦福大学医学院开发的，主要用于领域本体的构建。“七步法”可以有效地进行领域本体模型的构建，但在具体的建模过程中可以进行灵活的合并和调整，如第五步和第六步关系比较紧密，都是对类的属性的定义，在具体编辑实现过程中可以将两者结合起来。

本书的前述研究内容中对软件安全性需求工作过程的分析、分解、提炼和描述，为建立软件安全性需求领域本体模型做了基础性的工作，同时按照“七步法”合并原则将对类的属性定义和侧面定义的工作进行合并，对软件安全性需求领域进行了本体建模。“七步法”中最后的实例创建需要结合实际的建模对象，所以本书选取了典型的机载安全关键软件——除冰软件系统，对其进行软件安全性需求建模的实例创建，具体请见第 7 章的相关内容。现按照“七步法”的建模方法和步骤对软件安全性需求领域的本体建模的过程和内容进行详细的阐述。

4.1.1.1　领域和范畴

本书通过前述研究内容中对软件安全性需求工作过程的分析，对软件安全性需求过程有了整体的认识，同时使用自然语言描述了软件安全性的相关内容，为构建软件安全性需求的本体形式化模型做了基础性的工作。

七步法中规定要确定所建本体模型的领域和范畴，首先要明确三个基本问题：

（1）所构建的本体将覆盖哪个专业领域？

（2）应用该本体的目的是什么？

（3）本体中的信息能回答哪些类型的问题？

具体到软件安全性需求本体模型的建立，本书对以上七步法中的三个基本问题做出如下解答。

（1）该本体所覆盖的领域是软件安全性需求验证领域。

（2）构建软件安全性需求静态的本体模型的目的是：① 在知识层面上描述软件安全性需求的显性知识和隐性知识；② 在逻辑层面上反映领域内对象之间的关系；③ 明确、形式化地定义领域内的术语，为实现软件安全性需求验证提供形式化的概念、关联和规则来源。

（3）本体中的信息能回答软件安全性需求领域内对象之间的关系，可表述领域内的知识和公理，可形成软件安全性需求的验证规则，以支持软件安全性需求验证。

4.1.1.2 复用可能性

目前还没有标准和得到公认的软件安全性需求本体模型。可提供参考的模型和剖面包括：OMG 的 MARTE Beta1，QoS&FT（Quality of Service for high quality and Fault - Tolerant system），HIDOORS（High Integrity Distributed Object - Oriented Real - time Systems），Gregory Zoughbi 剖面和 Jan 剖面。上述文献中的模型和剖面并不是以安全性为中心，只是在自己的模型和剖面中不成系统的涉及一些软件安全性的描述。它们中大多并不是面向软件安全性系列标准和手册的，也都缺少软件系统和需求约束的描述，同时并没有按照体现需求工作的过程来开发子过程的描述模型，对需求验证必需的规则也没有进行总结和给出其形式化表达。

4.1.1.3 类和等级体系

在分析了软件安全性需求领域的特点后，本书自顶向下，从顶层的概念开始，逐步细化，建立了领域内的类和类等级体系（如图4-1 所示）。

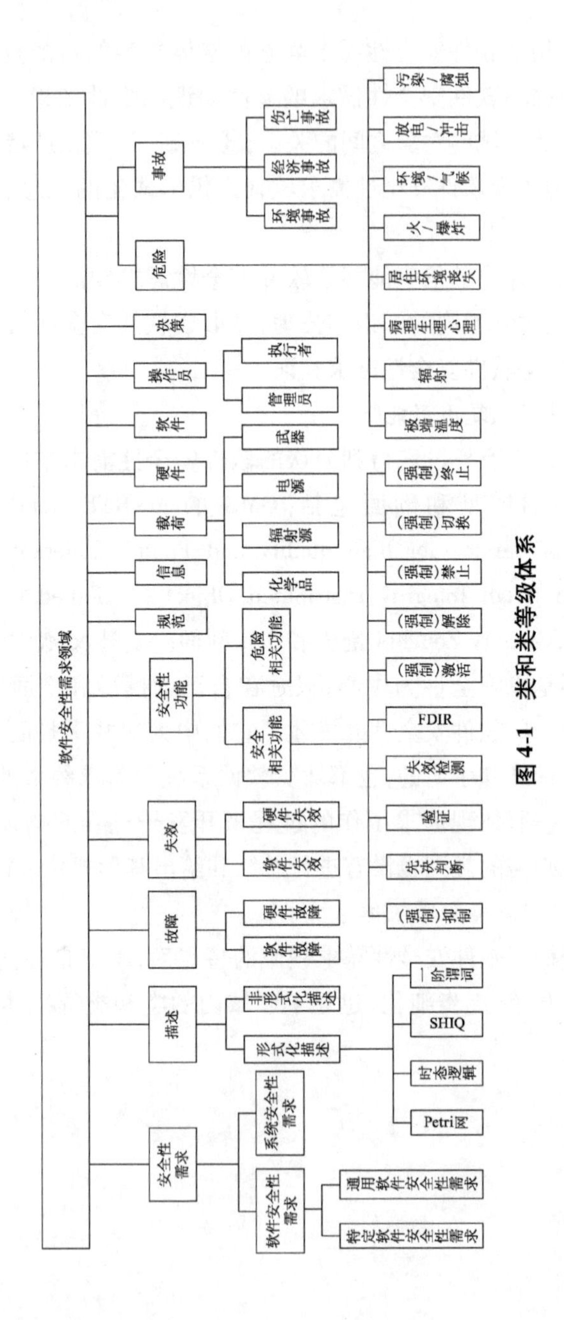
软件安全性需求领域
事故
伤亡事故
经济事故
环境事故
危险
污染/腐蚀
放电/冲击
环境/气候
火/爆炸
居住环境丧失
病理生理心理
辐射
极端温度
决策
操作员
执行者
管理员
软件
硬件
武器
电源
载荷
辐射源
化学品
信息
规范
安全性功能
危险相关功能
安全相关功能
(强制)终止
(强制)切换
(强制)禁止
(强制)解除
(强制)激活
FDIR
失效检测
验证
先决判断
(强制)抑制
失效
硬件失效
软件失效
故障
硬件故障
软件故障
描述
非形式化描述
形式化描述
一阶谓词
SHIQ
时态逻辑
Petri网
安全性需求
系统安全性需求
软件安全性需求
通用软件安全性需求
特定软件安全性需求

图 4-1　类和类等级体系

4.1.1.4 类的属性和侧面

本书对上述类的内在属性、外在属性和关系进行了描述，描述规则见以下说明：

（1）“内在”属性（intrinsic property）：正常字体表示，区别于类其他实例的内在的唯一属性采取加粗表示。

（2）“外在”属性（extrinsic property）：斜体表示，区别于类其他实例的外在的唯一属性采取加粗斜体表示。

（3）与其他个体的关系（relation）：关系的内在和外在属性的表示方法同上。

4.1.1.4.1 事故（Accident）

● 属性（见表4-1）

表4-1 事故概念的属性和侧面表

属性名	描述	取值类型	值域	说明
ID	事故的唯一标识	正整数	≥0	
Kind	类别	正整数	[1,3]	伤亡事故、环境事故、经济事故
Explanation	事故的描述	字符	≥4	坠机、空中解体、失火、爆炸、雷击、相撞、断电、撞山……
Criticality	严重程度	正整数	[1,4]	Catastrophic、Critical、Moderate、Negligible（灾难性的、关键的、适度的、轻微）

● 关联（见表4-2）

表4-2 事故概念的关联表

关联名	关联对象	关联描述	关联类别
AccidentCausedBy	危险（Hazard）	是……危险引起	$M:N$

4.1.1.4.2　危险(Hazard)

- 属性(见表4-3)

表4-3　危险概念的属性和侧面表

属性名	描述	取值类型	值域	说明
ID	危险的唯一标识	正整数	≥0	
Explanation	危险的描述	字符	≥4	发动机停车、超声速失速、部件结冰、喘振、油箱漏油……
Category	危险类别	正整数	≥0	污染/腐蚀、电气放电/冲击、环境/气候、火/爆炸、冲击/碰撞、可居住环境的丧失、病理/心理/生理、辐射、极端湿度……
Criticality	严酷度	正整数	[1,4]	Catastrophic、Critical、Moderate、Negligible(灾难性的、关键的、适度的、轻微)
Possibility	发生可能性	正整数	[1,5]	Likely、Probable、Possible、Unlikely、Improbable(极可能、很可能、可能、不大可能、不可能)
RiskPriority	风险指数	正整数	[1,7]	1、2、3、4、5、6、7
TimetoCriticality	危险发生的实时性	正整数	[1,3]	1、2、3
Strategy	消除和控制策略	正整数	[1,5]	1、2、3、4、5(消除危险、最低危险设计、纳入安全性设备、提供警告和报警、规范)

- 关联(见表 4-4)

表 4-4　危险概念的关联表

关联名	关联对象	关联描述	关联类别
HazardCausedBy	危险原因(HazardCause)	由……导致危险的原因	$M:N$

4.1.1.4.3　危险原因(HazardCause)

- 属性(见表 4-5)

表 4-5　危险原因概念的属性和侧面表

属性名	描述	取值类型	值域	说明
ID	危险原因的唯一标识	正整数	≥0	
Explanation	危险原因的说明	字符	≥4	
HazardCause SystemEntityKind	危险原因类型	正整数	[1,6]	Hardware、Software、Decision、Operation、Unexpection、Function(硬件、软件、决策、操作、不期望事件、功能)
HazardCause SystemEntityID	危险原因的系统实体 ID	正整数	≥0	
Criticality	严酷度	正整数	[1,4]	Catastrophic、Critical、Moderate、Negligible(灾难性的、关键的、适度的、轻微)
DescriptionKind	描述逻辑	正整数	[1,3]	一阶谓词、时态逻辑、SHIQ

续表

属性名	描述	取值类型	值域	说明
FormalDescriptionID	描述 ID	正整数	≥0	
FormalDesription	形式化描述	字符	≥4	

● 关联(见表 4-6)

表 4-6　危险原因的关联表

关联名	关联对象	关联描述	关联类别
HazardCause	危险(Hazard)	导致危险的原因	*M*∶*N*
ControlToHazardCause	系统实体(SystemEntity)	和危险原因相关	*M*∶*N*

4.1.1.4.4　系统(System)

● 属性(见表 4-7)

表 4-7　系统概念的属性和侧面表

属性名	描述	取值类型	值域	说明
ID	系统的唯一标识	正整数	≥0	
Name	系统的名称	字符	≥4	

● 关联(见表 4-8)

表 4-8　系统概念的关联表

关联名	关联对象	关联描述	关联类别
IsSubSystemOf	System	是……的子系统	*M*∶*N*

4.1.1.4.5　系统实体(SystemEntity)

● 属性(见表 4-9)

表 4-9　系统实体概念的属性和侧面表

属性名	描述	取值类型	值域	说明
ID	系统实体的唯一标识	正整数	≥0	
Explanation	系统实体的说明	字符	≥4	

续表

属性名	描述	取值类型	值域	说明
RelatedSystem EntityKind	危险相关实体类型	正整数	[1,5]	Hardware、Software、Regulations、Operation、Decision（硬件、软件、规范、操作、决策）
RelatedSystem EntityID	危险相关的实体 ID	正整数	≥0	
RelatedKind	危险相关方式	正整数	[1,7]	IsA、Control、Mitigation、Monitor、Alarm、Verification、Simulator
Degree	相关程度	正整数	[1,2]	Full,Partly

● 关联（见表 4-10）

表 4-10　系统实体概念的关联表

关联名	关联对象	关联描述	关联类别
HazardCauseRelation	危险原因（HazardCause）	和……危险原因相关	$M:N$

4.1.1.4.6　硬件（Hardware）

● 属性（见表 4-11）

表 4-11　硬件概念的属性和侧面表

属性名	描述	取值类型	值域	说明
ID	硬件的唯一标识	正整数	≥0	
Name	硬件的名称	字符	≥4	
Explanation	硬件的说明	字符	≥4	
ExsitInSystem	所属系统	正整数	≥0	

续表

属性名	描述	取值类型	值域	说明
Criticality	安全关键等级	正整数	[1,4]	Catastrophic、Critical、Moderate、Negligible（灾难性的、关键的、适度的、轻微）
Efforts	安全性投入等级	正整数	[1,4]	Full、Moderate、Minimum、None（充分的，适度的，最小的，无）

● 关联（见表4-12）

表4-12　硬件概念的关联表

关联名	关联对象	关联描述	关联类别
ExsitInSystem	System	存在于……系统	$M:1$

4.1.1.4.7　危险载荷（HazardPayload）

● 属性（见表4-13）

表4-13　危险载荷概念的属性和侧面表

属性名	描述	取值类型	值域	说明
ID	危险载荷的唯一标识	正整数	≥0	
Name	危险载荷的名称	字符	≥4	
Explanation	危险载荷的说明	字符	≥4	
Kind	类别	正整数	[1,4]	武器、电源、辐射源、化学品
Criticality	安全关键等级	正整数	[1,4]	Catastrophic、Critical、Moderate、Negligible（灾难性的、关键的、适度的、轻微）
ExsitInSystem	系统的唯一标识	正整数	≥0	

● 关联(见表 4-14)

表 4-14　危险载荷概念的关联表

关联名	关联对象	关联描述	关联类别
ExsitIn	System	存在于……系统	*M*∶1

4.1.1.4.8　软件(Software)

● 属性(见表 4-15)

表 4-15　软件概念的属性和侧面表

属性名	描述	取值类型	值域	说明
ID	软件的唯一标识	正整数	≥0	
Name	软件名	字符	≥4	
Explanation	软件的说明	字符	≥4	
ExsitInSystem	所属系统	正整数	≥0	
OperatedInCpu	运行 CPU 的唯一标识	正整数	≥0	
IsParallel	是否为并行处理结构	布尔型	0/1	
Complexity	复杂性	正整数	[1,4]	复杂、适度复杂、稍微复杂、简单
IsSafetyCritical	是否为安全关键	布尔型	0/1	True, False
Criticality	安全关键等级	正整数	[1,4]	Catastrophic、Critical、Moderate、Negligible(灾难性的、关键的、适度的、轻微)
ControlCategory	控制类别	正整数	[1,6]	1、2、3、4、5、6
RiskPriority	风险指数	正整数	[1,7]	1、2、3、4、5、6、7
Efforts	安全性投入等级	正整数	[1,4]	Full、Moderate、Minimum、None(充分的,适度的,最小的,无)

● 关联(见表 4-16)

表 4-16 软件概念的关联表

关联名	关联对象	关联描述	关联类别
ExsitIn	System	存在于……系统	*M*：1

4.1.1.4.9 决策(Decision)

● 属性(见表 4-17)

表 4-17 决策概念的属性和侧面表

属性名	描述	取值类型	值域	说明
ID	决策的唯一标识	正整数	≥0	
Name	决策的名称	字符	≥4	
Explanation	硬件的说明	字符	≥4	
IsSafetyCritical	是否为安全关键	布尔型	0/1	
Criticality	安全关键等级	正整数	[1,4]	Catastrophic、Critical、Moderate、Negligible (灾难性的、关键的、适度的、轻微)
SourceEntityKind	信息来源实体类型	正整数	≥0	
SourceEntityID	信息来源实体 ID	正整数	≥0	

● 关联

(无)

4.1.1.4.10 规范(Regulations)

● 属性(见表 4-18)

表 4-18 规范概念的属性和侧面表

属性名	描述	取值类型	值域	说明
ID	规范的唯一标识	正整数	≥0	
Name	规范的名称	字符	≥4	

续表

属性名	描述	取值类型	值域	说明
Explanation	规范的说明	正整数	≥0	
IsSafetyCritical	是否为安全关键	布尔型	0/1	
Criticality	安全关键等级	正整数	[1,4]	Catastrophic、Critical、Moderate、Negligible（灾难性的、关键的、适度的、轻微）

- 关联

（无）

4.1.1.4.11　操作（Operation）

- 属性（见表 4-19）

表 4-19　操作概念的属性和侧面表

属性名	描述	取值类型	值域	说明
ID	操作的唯一标识	正整数	≥0	
IsSafetyCritical	是否为安全关键	布尔型	0/1	
Criticality	安全关键等级	正整数	[1,4]	Catastrophic、Critical、Moderate、Negligible（灾难性的、关键的、适度的、轻微）

- 关联（见表 4-20）

表 4-20　操作概念的关联表

关联名	关联对象	关联描述	关联类别
OperatedBy	Operator	操作被执行	*M*∶1

4.1.1.4.12 操作员(Operator)

- 属性(见表4-21)

表4-21 操作员概念的属性和侧面表

属性名	描述	取值类型	值域	说明
ID	操作员的唯一标识	正整数	≥0	
Name	操作员名称	字符	≥4	
Duty	操作员角色	正整数	[1,3]	执行者、管理员、控制者
IsAuthorized	是否授权	布尔型	0/1	True,False

- 关联(见表4-22)

表4-22 操作员概念的关联表

关联名	关联对象	关联描述	关联类别
ExsitIn	System	存在于……系统	$M:1$

4.1.1.4.13 信息(Information)

- 属性(见表4-23)

表4-23 操作员概念的属性和侧面表

属性名	描述	取值类型	值域	说明
ID	信息的唯一标识	正整数	≥0	
Name	信息的名称	字符	≥4	
Explanation	信息的说明	字符	≥4	
IsSafetyCritical	是否为安全关键	布尔型	0/1	True,False
Criticality	安全关键等级	正整数	[1,4]	Catastrophic、Critical、Moderate、Negligible(灾难性的、关键的、适度的、轻微)

- 关联(见表4-24)

表 4-24　信息概念的关联表

关联名	关联对象	关联描述	关联类别
InformationRelatedtoDecision	Decision	为……决策提供信息	$M:N$

4.1.1.4.14　信息源(InformationSource)

- 属性(见表 4-25)

表 4-25　信息源概念的属性和侧面表

属性名	描述	取值类型	值域	说明
ID	信息的唯一标识	正整数	≥0	
IsSafetyCritical	是否为安全关键	布尔型	0/1	True,False
SourceEntityKind	信息来源实体类型	正整数	≥0	
SourceEntityID	信息来源实体 ID	正整数	≥0	

- 关联(见表 4-26)

表 4-26　信息源概念的关联表

关联名	关联对象	关联描述	关联类别
IsSourceOf	Information	是……信息的信息源	$1:M$

4.1.1.4.15　处理器(CPU)

- 属性(见表 4-27)

表 4-27　处理器概念的属性和侧面表

属性名	描述	取值类型	值域	说明
ID	CPU 的唯一标识	正整数	≥0	
Model	CPU 的型号	正整数	≥0	
ByteLength	CPU 的字长	正整数	$8\times n$	
ExsitInSystem	存在系统的 ID	正整数	≥0	

- 关联

(无)

4.1.1.4.16 划分(Partition)

- 属性(见表4-28)

表4-28 划分概念的属性和侧面表

属性名	描述	取值类型	值域	说明
Entity1Kind	实体1的类型	正整数	≥0	
Entity1ID	实体1的ID	正整数	≥0	
Entity2Kind	实体2的类型	正整数	≥0	
Entity2ID	实体2的ID	正整数	≥0	
MethodKind	划分方法	正整数	[1,3]	防火墙、物理隔离、逻辑隔离……

- 关联

(无)

4.1.1.4.17 功能(Function)

- 属性(见表4-29)

表4-29 功能概念的属性和侧面表

属性名	描述	取值类型	值域	说明
ID	功能的唯一标识	正整数	≥0	
HazardCauseID	危险原因的唯一标识	正整数	≥0	
Name	功能名称	字符	≥4	
Kind	功能类型	正整数	≥0	Control、Mitigation、Monitor、Notify、FailureDetection、Ioslation, Recovery、Respond、Override、ForcedOverride、Verification、PreCondition、Inhibition、ForcedInhibition、Active、ForcedActivate、DeActivate、ForcedDeactivate、Switch、POST、Termination、ForcedTermination

续表

属性名	描述	取值类型	值域	说明
Explanation	功能说明	字符	≥4	
TriggerKind	激发者类型	正整数	[1,4]	硬件、软件、操作员、功能
TriggerID	激发者 ID	正整数	≥0	
ObjectKind	施加对象类型	正整数	[1,4]	硬件、软件、操作员、功能
ObjectID	施加对象 ID	正整数	≥0	
RealizerKind	实现者类型	正整数	[1,4]	硬件、软件、操作员、功能
RealizerID	实现者 ID	正整数	≥0	
IsSafetyCritical	是否为安全关键	布尔型	0/1	True,False
Criticality	危害度	正整数	[1,4]	(灾难性的、关键的、适度的、轻微的)
IsTimeTo Crticalty	是否为时间关键的	布尔型	0/1	True,False
TimeToCrticalty	时间危害度	正整数	[1,3]	1,2,3
RequirementID	实现的需求 ID	正整数	≥0	
DescriptionKind	描述类型	正整数	[1,4]	Petri 网、UML、数据流图、控制流图
DescriptionID	描述的 ID	正整数	≥0	

- 关联(见表4-30)

表4-30 功能概念的关联表

关联名	关联对象	关联描述	关联类别
RealizeRequirement	需求	是……需求的实现	$M:1$
DescribedBy	描述	被……所描述	$1:M$

4.1.1.4.18 需求(Requirement)

- 属性(见表4-31)

表4-31 需求概念的属性集

属性名	描述	取值类型	值域	说明
ID	需求的唯一标识	正整数	≥0	
Explanation	需求说明	字符	≥4	
IsSafetyCritical	是否为安全关键需求	布尔型	0/1	True,False
DescriptionKind	逻辑类型	正整数	[1,3]	一阶谓词、时态逻辑、SHIQ
DescriptionID	描述的ID	正整数	≥0	
Description	形式化描述	字符	≥4	

- 关联(见表4-32)

表4-32 需求概念的关联表

关联名	关联对象	关联描述	关联类别
RealizedBy	功能	和……功能对应	1 : *M*

4.1.1.4.19 故障(Fault)

- 属性(见表4-33)

表4-33 故障概念的属性和侧面表

属性名	描述	取值类型	值域	说明
ID	故障的唯一标识	正整数	≥0	
SourceEntityKind	故障来源的类型	正整数	[1,4]	软件、硬件、操作员、功能
SourceEntityID	故障来源的唯一标识	正整数	≥0	
DescriptionKind	逻辑类型	正整数	[1,3]	一阶谓词、时态逻辑、SHIQ
DescriptionID	描述的ID	正整数	≥0	
FormalDescription	形式化描述	字符	≥4	

● 关联

（无）

4.1.1.4.20 失效（Failure）

● 属性（见表4-34）

表4-34　失效概念的属性和侧面表

属性名	描述	取值类型	值域	说明
ID	失效的唯一标识	正整数	≥0	
FailureID	失效的故障来源ID	正整数	≥0	失效故障的ID
FailureEntityKind	失效实体类型	正整数	[1,4]	软件、硬件、操作员、功能
FailureEntityID	失效实体ID	正整数	≥0	
Criticality	失效的严酷度	正整数	[1,4]	
DescriptionKind	逻辑类型	正整数	[1,4]	一阶谓词、时态逻辑、SHIQ
FormalDescription	形式化描述	字符	≥4	

● 关联（见表4-35）

表4-35　失效概念的关联表

关联名	关联对象	关联描述	关联类别
IsTriggeredBy	故障	是……故障引起的	1∶*M*

4.1.1.4.21 故障容错（FaultTolerance）

● 属性（见表4-36）

表4-36　故障容错概念的属性

属性名	描述	取值类型	值域	说明
ID	故障容错的唯一标识	正整数	≥0	
SourceFaultID	故障来源的唯一标识	正整数	≥0	

续表

属性名	描述	取值类型	值域	说明
RealizerKind	实现者类型			硬件、软件、操作员、功能
RealizerID	实现者 ID	正整数	≥0	
DescriptionKind	描述类型	正整数	[1,4]	数据流图、控制流图、Petri 网、UML
DescriptionKind	描述类型	正整数	[1,4]	Petri 网、UML、数据流图、控制流图
DescriptionID	描述的 ID	正整数	≥0	

- 关联(见表 4-37)

表 4-37 故障容错概念的关联

关联名	关联对象	关联描述	关联类别
RealizedBy	实体	是……实体实现的	1 : *M*
ToleranceOfFault	故障	是……故障的容错	*M* : 1

4.1.1.4.22 失效容错(FailureTolerance)

- 属性(见表 4-38)

表 4-38 失效容错概念的属性和侧面表

属性名	描述	取值类型	值域	说明
ID	失效容错的唯一标识	正整数	≥0	
SourceFunction FailureID	失效来源的唯一标识	正整数	≥0	
Realizer Function ID	实现功能 ID	正整数	≥0	
RealizerID	实现者 ID	正整数	≥0	
DescriptionKind	描述类型	正整数	[1,4]	数据流图、控制流图、Petri 网、UML
DescriptionID	描述的 ID	正整数	≥0	

● 关联(见表 4-39)

表 4-39　失效容错概念的关联表

关联名	关联对象	关联描述	关联类别
RealizedBy	功能	是……功能实现的	1 : *M*
ToleranceOfFailure	故障	是……失效的容错	*M* : 1

4.1.2 E-R 模型概貌

本书的前述研究内容建立了软件安全性需求领域的本体模型,为建立软件安全性需求模型的静态数据结构做了基础性的工作。鉴于此,本书基于本体模型建立了支持软件安全性需求验证的 E-R 模型,用于指导后期的验证数据库的表设计。

软件安全性需求验证的 E-R 模型的概貌如图 4-2 所示,模型内概念和关联的形式化定义的解释的详细内容请见 4. 1. 1. 4 节的模型细节。

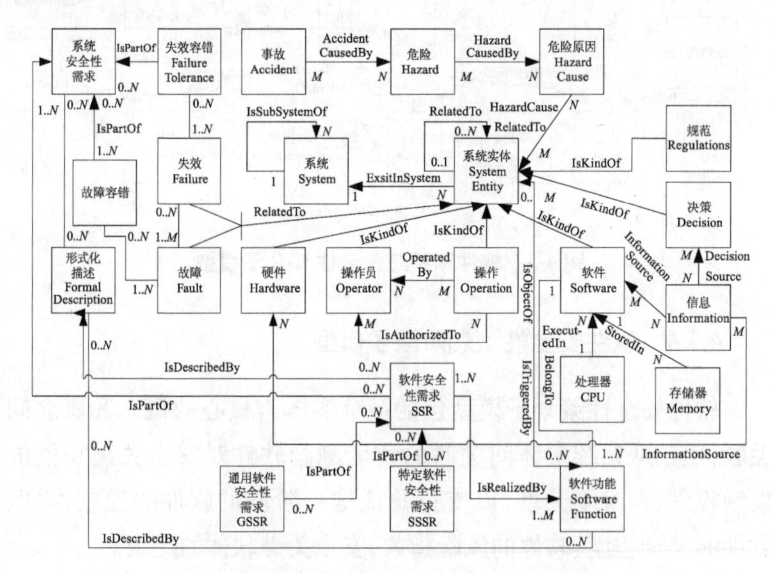

图 4-2　软件安全性需求 E-R 模型概貌

4.1.3 软件和系统安全性阶段子模型

软件和系统安全性子模型包括事故、危险、危险原因、控制策略、系统实体、失效和故障、形式化描述等概念和概念间关联，用于从系统角度分析事故和危险、危险原因和系统实体关联、系统实体间关联，刻画进入软件安全性需求工作的初始情况，以支持这一阶段的事故严酷度、危险严酷度和风险指数、危险原因控制策略、安全关键软件的初步识别的验证。

软件和系统安全性子过程的 E-R 模型的描述如图 4-3 所示。模型内概念和关联的形式化定义的详细解释请见 4.1.1.4 节的模型细节。

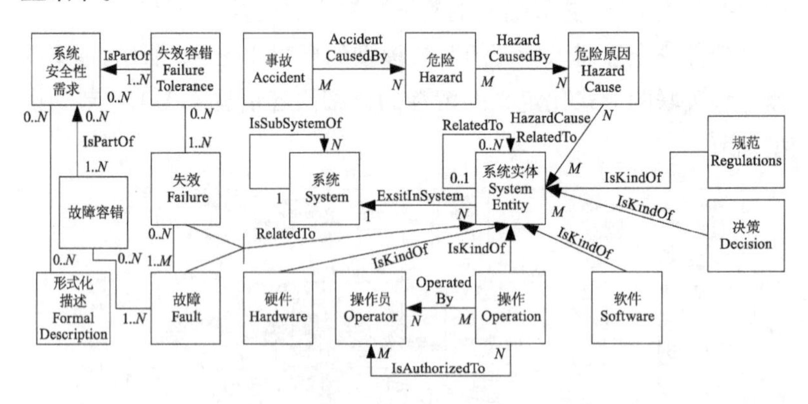

图 4-3 软件和系统安全性 E-R 子模型

4.1.4 软件安全性策划阶段子模型

软件安全性策划子模型包括系统实体为核心的概念和概念间关联，用于从系统实体间关联的角度刻画软件对安全关键功能的控制程度、自身复杂度，以支持验证这一阶段的软件的控制程度、软件的复杂程度、软件的风险指数、安全关键软件的定级。

软件安全性策划子过程的 E-R 模型的描述如图 4-4 所示。模型内概念和关联的形式化定义的详细解释请见4.1.1.4节的模型细节。

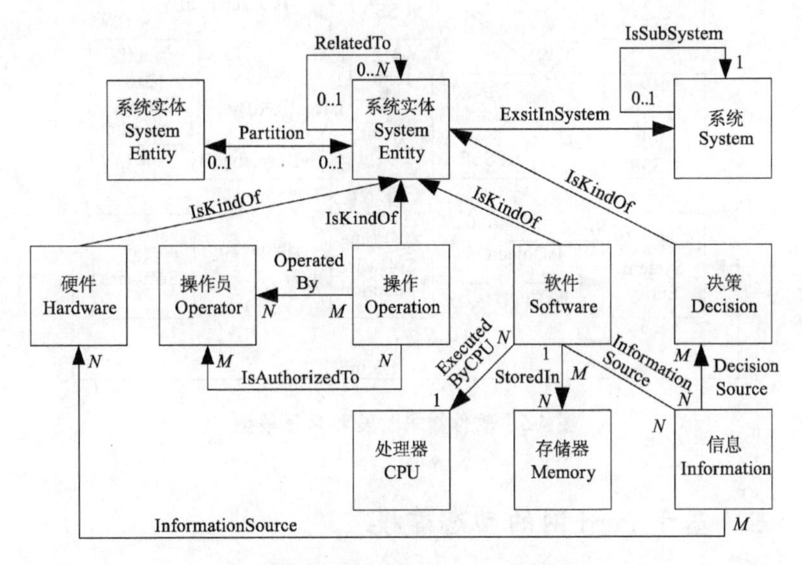

图4-4　软件安全性策划E-R子模型

4.1.5　软件需求阶段子模型

软件需求阶段子模型包括系统安全性需求，软件安全性需求，通用和特定的软件安全性需求，系统实体，软件和形式化描述为核心的概念和概念间关联，用于从功能实现和功能间关联的角度刻画软件功能对安全性需求的满足情况，以支持验证这一阶段的软件安全性需求是否违背和缺失。

软件需求阶段子过程E-R模型的描述和功能的分类描述如图4-5所示。模型内概念和关联的形式化定义的详细解释请见4.1.1.4节的模型细节。

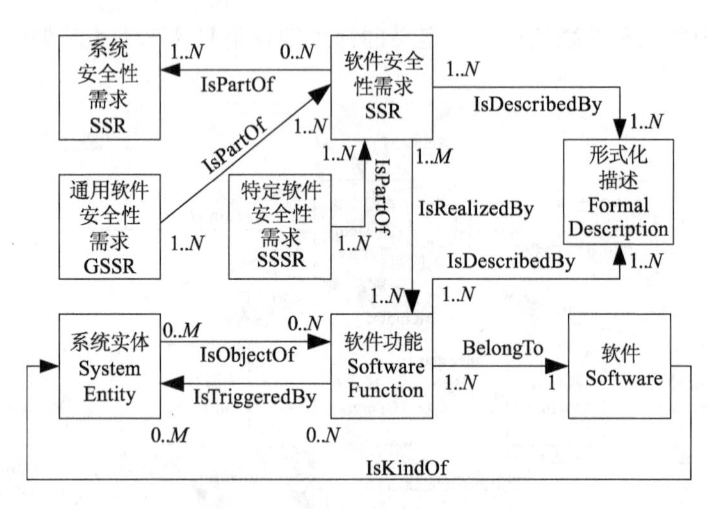

图 4-5 软件需求阶段 E-R 子模型

4.2 基于 Petri 网的动态建模

4.2.1 基本 Petri 网

Petri 网的概念最早是由德国的 Carl Adam 于 1962 年在其博士论文《自动化通信》中提出来的。它是一种适合并发、异步、分布式软件系统规格与分析的形式化方法,其实质也是状态机的一种形式和扩展。任何系统都可抽象为状态、活动(或者事件)及其之间关系的三元结构。在 Petri 网中,状态用位置(Place)表示,活动用迁移(Transition)表示。迁移的作用是改变状态,位置的作用是决定迁移是否发生,迁移和位置之间的这种依赖关系用流关系来表示。

4.2.1.1 Petri 网结构

Petri 网结构是由一个三元组 $N=(P,T,F)$ 构成,其中,

① $P=\{p_1,p_2,\cdots,p_n\}$ 是有限位置集合;

② $T=\{t_1,t_2,\cdots,t_n\}$是有限迁移集合($P\cup T\neq\varnothing,P\cap T=\varnothing$)；

③ $F\subseteq(P\times T)\cup(T\times P)$为流关系。

位置集和迁移集是 Petri 网的基本成分，流关系是从它们构造出来的。图形表示中，用圆圈表示位置，用黑短线或者方框表示迁移，用有向弧表示流关系。

4.2.1.2　前集和后集

为了叙述方便，需要引入位置或迁移的前集和后集的概念。

对于一个 Petri 网结构 $N=(P,T,F)$，设 $x\in(P\cup T)$，令

$$'x=\{y\mid \exists y:(y,x)\in F\},$$

$$x'=\{y\mid \exists y:(x,y)\in F\},$$

那么称$'x$为 x 的前集或输入集，称 x'为 x 的后集或输出集。

在 $N=(P,T,F)$中，如果对所有的 $x\in(P\cup T)$，都有$'x\cap x'=\varnothing$，则称 N 为单纯网，简称纯网；如果对所有的 $x,y\in X$，都有$('x='y)\wedge(x'=y')\Rightarrow x=y$，则称 N 为简单网。

4.2.1.3　子网结构

对于 $N_1=(P_1,T_1,F_1)$和 $N_2=(P_2,T_2,F_2)$，如果 $P_1\in P_2$，$T_1\in T_2$且 $F_1=F_2\cap((P_1\times T_1)\cup(T_1\times P_1))$，则称 N_1是 N_2的子网结构。

Petri 网除具有以上的静态结构外，还包括了描述动态行为的机制。这一特征是通过允许位置中包含令牌，令牌可以依据迁移的引发而重新分布来实现的。

4.2.1.4　位置/迁移 Petri 网

位置/迁移 Petri 网，简称为 Petri 网，形式上定义为一个六元组，形如

$$PN=(P,T,F,K,W,M_0)=(N,K,W,M_0),$$

其中，① $N=(P,T,F)$是一个 Petri 网结构。

② $K:P\rightarrow\mathbf{Z}^+\cup\{\infty\}$是位置上的容量函数($\mathbf{Z}^+$是正整数集合)，规定了位置上可以包含的令牌的最大数目。对于任一位置 $p\in P$，以 $K(p)$表示向量 K 中位置 p 所对应的分量。若 $K(p)=\{\infty\}$，表示位

置 p 的容量为无穷。

③ $W:F\rightarrow\mathbf{Z}^{+}$,是流关系上的权函数,规定了令牌传递中的加权系数。对于任一弧 $f\in F$,以 $W(f)$ 表示向量 $\boldsymbol{W}$ 中弧 f 所对应的分量。

④ $M:P\rightarrow\mathbf{Z}$(非负整数集合)是位置集合上的标识向量。对于任一位置 $p\in P$,以 $M(p)$ 标识向量 $\boldsymbol{M}$ 中位置 p 上的标识或者令牌数目,并且必须满足 $M(p)\leqslant K(p)$。$\boldsymbol{M}_0$是初始标识向量。

在 Petri 网的图形表示中,对于弧 $f\in F$,当 $W(f)>1$ 时,将 $W(f)$ 标注在弧上,当 $W(f)=1$ 时,省略 $W(f)$ 的标注;当一个位置的容量有限时,通常将 $K(p)$ 写在位置 p 的圆圈旁。当 $K(p)=\infty$ 时,通常省略 $K(p)$ 的标注。标记或者令牌用位置中的黑点或者数字来表示,同一位置中的多个标记代表同一类完全等价的个体。标识向量标识了令牌在位置中的分布。

例如,Petri 网在 $W(t_1,p_2)=2,W(t_3,p_5)=3,W(p_6,t_5)=5,K(p_2)=3,K(p_4)=K(p_5)=4,K(p_1)=K(p_3)=K(p_5)=\infty,M=(1,0,0,0,0,0)$下的结构如图 4-6 所示。

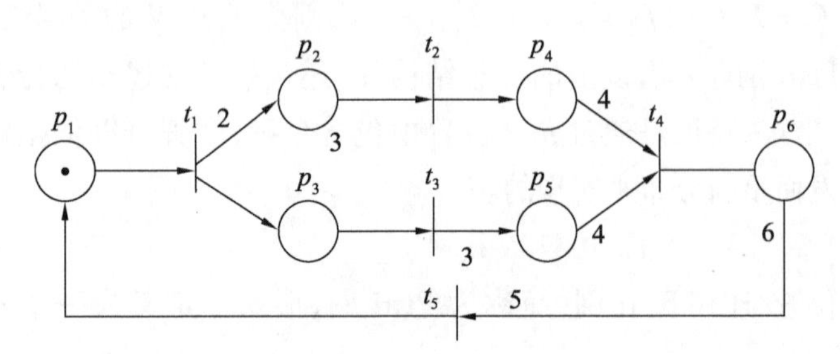

图 4-6 Petri 网

容量函数和权函数均为 1 的 Petri 网称为基本 Petri 网(简称基本网)或条件/事件网。容量函数恒为无穷和权函数恒为 1 的 Petri 网称为普通 Petri 网(简称为普通网)。显然,基本网和普通网都是 Petri 网的特殊情况。换言之,Petri 网是基本网和普通网的扩展,但事实上它们之间的关系并不那么简单，在某种意义上可以是等价的，因为 Petri 网和基本网都可改造成普通网。基本网和普通网可以用四元组 $PN=(P,T,F,M)$ 来表示。

在含有令牌的 Petri 网中，依据迁移的使能(Enable)条件，可以使得使能的迁移引发(Fire)；而迁移的引发会依据引发规则实现令牌的移动；不断变化着的令牌重新分布就描述了系统的动态行为演化。

4.2.1.5　迁移的使能

对于 Petri 网 $PN=(P,T,F,K,W,M_0)$，如果

$(\forall p_1)p_1\in {'t}\Rightarrow M(p_1)\geqslant W(p_1,t)$ 且 $(\forall p_2)\in t'\Rightarrow K(p_2)\geqslant M(p_2)+W(t,p_2)$，

则称 t 在 M 下使能，记为 $M[t>$。

4.2.1.6　迁移的引发

对于 Petri 网 $PN=(P,T,F,K,W,M_0)$，如果在 M 下使能的迁移 t 将会引发，迁移 t 的引发使得位置中令牌重新分布，从而将标识 M 变成新标识 M'，并称 M' 为 M 的后继标识，记为 $M[t>M'$。对于 $\forall p\in P, M'(p)$ 可通过下式计算：

$$M'(p)=\begin{cases}M(p)-W(p,t),\text{if } p\in {'t}-t'\\M(p)+W(p,t),\text{if } p\in t'-{'t}\\M(p)-W(p,t)+W(t,p),\text{if } p\in t'\cap {'t}\\M(p),\text{if } p\notin t'\cup {'t}\end{cases}$$

同时，一个没有任何输入位置的迁移叫源迁移，一个源迁移的使能是无条件的。一个源迁移的引发只会产生令牌，而不会消耗令牌；一个没有任何输出位置的迁移为阱迁移，一个阱迁移的引发只会消耗令牌，而不产生任何新的令牌。

4.2.1.7　同步距离

在 $PN=(N,M_0)$ 中，任意两个迁移 $t_1,t_2\in T$ 的同步距离定义为

$$d_{12}=\max|\sigma(t_1)-\sigma(t_2)|,$$

其中,σ 是从任意一个标识 $M \in R(M_0)$ 开始的引发序列 σ 中 t_1 和 t_2 的引发次数。同步距离是用来刻画不同形式的同步关系的,是两个迁移之间这种相对关系的一种定量描述。

4.2.2 软件安全 Petri 网

4.2.2.1 扩展内容

基本 Petri 网的网结构和运行对应了需求的实现描述,但是缺乏需求的约束描述,安全性验证的实质是验证 Petri 系统的运行状态是否违反安全性需求的约束,所以要增加需求的安全性约束描述。

基本 Petri 网建模方法源于关注系统状态变迁和资源调度,库所之间的区别只体现在容量函数的不同。当使用 Petri 网对软件安全性进行建模时,库所之间的区别必须在安全性上有所体现。

软件所处理的变量不仅包括状态量,还有数值量,所以库所也必须有不同类型的区分。软件可以更好地控制和处理复杂系统,这种复杂性同时就要求 Petri 网建模必须满足软件的动态行为特征和程序语言的映射。基本 Petri 网对安全性没有针对性的描述元素和机制,权函数的减加运算不能体现更多的判断和循环的软件行为语义。软件系统在激发迁移条件中存在等于、大于、小于等多重判断组合。同时,基本 Petri 网通过令牌的移动来表征系统的状态变化,但在软件系统中常常存在对库所直接赋值(例如复位和重置)等多种操作。

在基本的 Petri 网中只有获得令牌的库所才可以触发迁移。但事实上,软件系统中的很多变量的改变是以状态为假或变迁失败作为前提条件的。带抑制门的 Petri 网将取反运算施加在跃迁 t 上,使得需要多个串行的跃迁才可能表达一个多重谓词判断。基本 Petri 网的运算局限在变量和数值的一元运算,无法表达变量间的组合判断和复杂运算。

鉴于此，本书提出了一种适用于软件安全性需求建模和验证的软件安全 Petri 网 - SEPN，并且从以下方面对基本 Petri 网进行了扩展。

（1）实现子网和性质子网。

软件安全 Petri 网 - SEPN 由两部分组成：实现子网 - R 和性质子网 - C，即

$$SEPN = \{R, C\},$$

其中性质子网由 Petri 网中的所有需求约束构成，即 $C = \{c_1, c_2, \cdots, c_n\}$。

（2）状态型、数值型库所和性质库所。

基本 Petri 网中一个库所反映到软件系统中对应为状态型状态和数值型变量，所以对这两种变量必须加以区分。

因此，在实现子网中扩展两种类型的库所，即数字型库所和连续性库所。数字型状态则以状态名为库所标识，库所图示为○。连续型变量库所在数值标识后的括号中标明初值，在库所右侧按上下顺序标明极小和极大值，库所图示为□。

需求的动态描述包括需求实现和需求约束两部分，状态型和数值型库所提供了描述需求实现的元素。同时，对于需求约束的遵守将满足安全性需求验证，对于需求的违反则视为未通过验证，所以若网系统的所有运行状态不满足所有需求约束的取反集合，则认为 Petri 网系统描述的需求实现是通过安全性验证的，反之则认为未通过验证。

因此在性质子网中扩展的性质库所包含了需求约束取反的形式化描述，它和约束的目标功能的实现子网中的库所相连。易知其不存在后集，而且本质上也是一种状态型库所。为了和实现子网中的状态型库所相区分，性质库所图示为◇。

（3）库所安全性。

在基本 Petri 网中库所只包含当前的令牌数信息，而在使用 Petri 网对软件系统建模时不同的库所实际上代表了不同的需求约

束取反和不同数据类型的数据。不同的性质库所代表了对具有不同安全关键度需求的约束描述违反,不同数据类型的数据根据库所的前置条件判断而做出的后置行为动作则构成了整个系统需求的实现描述。因为在系统的动态运行时产生的失效是功能实现对需求的不满足和违背,同时也是引起危险的原因。不同功能的失效会导致具有不同安全性后果的危险,在软件安全 Petri 网系统中表现为性质库所的被激发。作为描述这些功能的实现子网中的基本单位——库所也应该具有不同的安全性要求,所以必须在库所的信息矢量构成中增加安全性分量。

(4) 默认零权函数。

在 Petri 网结构中被激发令牌的位置转移显示了系统状态的变化,以 1 为默认权函数的减加消零变迁具有资源传递的含义。软件系统中存在着大量的判断和循环跳转。顺序、判断和循环的程序结构实质上对应着 0、1 和 N 的权函数判断和执行。对于判断和循环的控制来说,权函数只是用来进行比较,而不存在类似资源转移的变化。基本 Petri 网中默认权函数为 1 的减加消零没有体现判断和循环的软件行为语义,同时也会导致判断和循环计数值的不一致,所以定义权函数默认值为 0。

(5)“非”语义。

在传统的 Petri 网中只有获得令牌的库所才可以触发迁移。但事实上,软件系统中的很多迁移的触发是以状态为假或者变迁失败作为前提条件的。

基本 Petri 网在语义和图形上都没有对“非”语义给出严格定义,影响了 Petri 网语义的清晰性,也不利于向软件语义的映射和自动化。因此定义“非”激活库所和“非”迁移来描述跃迁条件不满足时的激活行为的情况。

（6）阈值。

阈值是系统建模所必须考虑的元素，由于修改了默认权值和增加了“非”虚线可以方便地构造含有阈值条件的迁移来作为门限值、累加器和计数器等，配合以上定义可实现判决分支、循环处理等系统行为。

（7）权函数。

基本 Petri 网通过令牌的移动来表征系统的状态变化，但在软件系统中常常（例如复位和重置）要求对库所直接赋值。本书将变迁权函数扩展为不同运算类型的组合，包括运算、运算数和运算表达式等类型。

4.2.2.2　*形式定义*

形式定义 $SEPN=\{S,C\}=\{P,T,F,W,M_0\}$，其具体定义如下。

（1）扩展库所 $P=\{kind,value,criticality,sd\}$ 由类型、值构成。$kind\in\{0,1,2\}$，0 为状态型库所，1 为数值型库所，2 为性质型库所；$value=\{m,\min,\max,unit\}$，$m$ 为当前值，状态型库所 m 为 0 或者 1，max 和 min 为库所容量上下限，状态型和性质型库所不考虑，*unit* 为数值单位步长；*criticality* 表示库所的安全关键等级；*sd* 表示库所与危险的 Petri 网安全距离，距离越短表示其与危险发生的相关度越高。综合 *criticality* 和 *hazard - distance* 可对 Petri 网内的库所安全性进行排序，作为后续软件监控和容错设计的参考依据。特别的，性质库所的 *criticality* 为自身的安全关键度，安全距离为 0。当 SEPN 用于模型分析时，*unit* 单位不限于整数；当用于验证时，考虑验证状态空间的有限性，*unit* 单位仅限于整数。书中示例取默认为 1，并不影响建模分析和算法设计。

状态型库所以状态名为库所标识，库所图示为○，以 1 或 0 表示当前状态被激发或者抑制。数值型变量库所在数值标识后的括号中标明当前值，在库所侧按上下顺序标明极大和极小值，库所图示为□。数值型变量库所不存在被激发或者抑制状态。性质库所图示为◇，以 1 或 0 表示当前性质是否被违反，初始为 0。

（2）变迁集合为

$$T = \{kind, condition, state, pre, post\}$$

$kind \in \{0,1\}$，表示触发条件为一元简单组合判断条件或者复杂组合判定条件；*condition* 为复杂组合判定条件表达式，$kind = 0$ 时 *condition* 为空；$state \in \{0,1\}$，表示变迁处于抑制或者激发状态。$t \in T$，*t. pre* 为前集也记为$'t$，$'t \in P$；*t. post* 为后集也记为 t'，$t' \in P$。约定变迁的前后集均为库所，使语义清晰，方便自动化处理。

（3）流 $F \subseteq (P,T) \times (T,P)$。

（4）扩展权

$$W = \{s, d, kind, operation, opkind, value, enable, state\}$$

s 为权起点，$s \in P \cup T$；d 为权终点，$d \in P \cup T$。s 和 d 不可同为库所或变迁，即

$$((s \in P) \to (d \in T)) \wedge ((s \in T) \to (d \in P)$$

$kind = 0$ 时，*operation* 为一元简单数值运算，具体的运算由权函数的图式来表达；$kind = 1$ 时，*operation* 为复杂组合数值运算，考虑到 Petri 网系统建模的简洁性，具体的运算默认隐含在权中，由用户选择性显式或隐式表达。$opkind \in \{0,1,2,3,4,5,6\}$，当权起点为库所，终点为变迁，对应于 = =，! =，<，>，< =，> = 和无前置约束；当权起点为变迁，终点为库所，则对应于 =，+，－，*，/，mod，无运算。

当 $kind = 1$，*operation* 为判断或运算表达式。*value* 为运算数。$enable \in \{0,1\}$，表示权在变迁处于 0 抑制或 1 激发状态下可发生，在变迁的图形描述上以虚线或实线对应。$state \in \{0,1\}$，对应于权是否满足触发条件。

4.2.2.3　迁移使能和引发

本书对扩展 Petri 网的迁移使能和引发做出如下定义。

（1）前集可触发条件为满足：

$$\forall t, w, (w = 't) \wedge (w.s.kind = 0) \wedge (w.d.kind = 1) \wedge (w.state = 1)$$

同时 $w.state = 1$ 成立必须满足：

$$((w.\ kind = 0) \wedge ((w.op = 0) \wedge (P(s).value = w.value))$$
$$\vee ((w.op = 1) \wedge (P(s).value != w.value))$$
$$\vee ((w.op = 2) \wedge (P(s).value < w.value))$$
$$\vee ((w.op = 3) \wedge (P(s).value > w.value))$$
$$\vee ((w.op = 4) \wedge (P(s).value <= w.value))$$
$$\vee ((w.op = 5) \wedge (P(s).value >= w.value))$$
$$\vee (w.op = 6))$$
$$\vee ((w.kind = 1) \wedge (w.operation = \mathrm{true}))$$

否则 $w.state = 0$。

（2）后集在激发状态下可触发的条件为满足：

$$\forall t, w, (w = t') \wedge (w.s.kind = 1) \wedge (w.d.kind = 0)$$
$$\wedge (w.enable = 1) \wedge (w.state = 1)$$

同时所有 t 的后集 t' 对应的权 $w.state = 1$ 成立必须满足：

$$((w.\ kind = 0) \wedge$$
$$((w.op = 0) \wedge (w.value.m \in$$
$$[P(d).value.\mathrm{min}, P(d).value.\mathrm{max}]))$$
$$\vee ((w.op = 1) \wedge ((P(d).value.m + w.value)$$
$$\in [P(d).value.\mathrm{min}, P(d).value.\mathrm{max}]))$$
$$\vee ((w.op = 2) \wedge ((P(d).value.m - w.value)$$
$$\in [P(d).value.\mathrm{min}, P(d).value.\mathrm{max}]))$$
$$\vee ((w.op = 3) \wedge ((P(d).value.m * w.value)$$
$$\in [P(d).value.\mathrm{min}, P(d).value.\mathrm{max}]))$$
$$\vee ((w.op = 4) \wedge ((P(d).value.m / w.value)$$

$\in [P(d).value.\min, P(d).value.\max]))$

$\vee ((w.op = 5) \wedge ((P(d).value.m \bmod w.value)$

$\in [P(d).value.\min, P(d).value.\max])) \quad \vee (w.op = 6))$

$\vee ((w.kind = 1) \wedge$

$(result(w.operation) \in [P(d).value.\min, P(d).value.\max]))$

或者当后集在抑制状态下可激发的条件满足：

$\forall t, w, (w = t') \wedge (w.s.kind = 1) \wedge (w.d.kind = 0)$

$\wedge (w.enable = 0) \wedge (t.state = 0)$

$w.state = 0$ 同样必须满足以上 $w.kind$ 为 0 ~ 6 或者 $operation$ 结果受限的情况下的运算赋值判断来决定抑制状态下跃迁是否可触发。

(3) 在网系统的一次变化中，任意的库所不能被不同的权所触发，即：

$\forall W_1 \in t_1', W_2 \in t_2', \forall ((W_1.state = W_2.state = 1) \wedge$

$(W_1(d) = W_2(d)) \rightarrow (W_1 = W_2)$

4.2.2.4　安全距离

在 $SEPN = \{S, C\} = \{P, T, F, W, M_0\}$ 中，P_1 为状态型库所或者数值型库，P_2 为性质库所，则 P_1 到 P_2 的安全距离定义为

$$sd = \min(\sigma_1(P_1, P_2), \sigma_2(P_1, P_2))$$

其中 $\sigma_1(P_1, P_2)$ 是从任意一个标识 $M \in R(M_0)$ 开始的引发序列中 P_1 的后续变迁 t_1 和 P_2 的前序变迁 t_2 之间发生的变迁的最小值，若 $t_1 = t_2$，则 $\sigma(P_1, P_2) = 1$。

4.3　本章小结

本章首先基于本体建模方法对软件安全性需求进行静态建模，简要介绍了所选择的本体建模方法——“七步法”，回答了领域

和范畴的三个问题,对现有的软件安全性相关的模型和剖面的复用可能性做出了分析,建立了软件安全性需求的静态本体,按照前述软件安全性需求过程的内容和划分给出了概念模型和概貌及相应子过程,且给出了模型细节,包括概念的属性、描述和说明、关联名、关联对象、关联描述和关联类别,为后续基于本体模型的软件安全性需求静态验证做好模型准备。然后,简要介绍了 Petri 网的结构、前后集、位置/迁移 Petri 网、迁移的使能和引发、模板结构,以及考虑到软件系统的安全性特征和动态行为的复杂性特征,提出了一种软件安全 Petri 网,扩展了库所类型、安全性特征、变迁和权函数,给出了扩展后的 Petri 网模型元素的形式化定义和迁移使能和引发规则,提出了安全距离的定义,为后续的软件安全性需求动态验证做好模型准备。

第 5 章 软件安全性需求形式化验证

本章的研究内容包括软件安全性需求静态的验证规则提取及其形式化描述，软件安全性需求动态验证的语义映射、代码自动生成的算法、子模型划分和定级算法，将为后续章节中自动化工具原型的静态验证函数定义和动态验证函数定义提供支持。

本书利用前序章节建立的本体模型，根据前序章节建立的软件安全性需求工作过程，提取了软件和系统安全性子阶段、软件安全性策划子阶段和软件需求子阶段的验证需求形成验证规则，并利用一阶谓词逻辑对其实现了形式化描述。

本书分析了主流模型检验工具之一的 NuSMV 的程序结构，建立了软件安全 Petri 网——SEPN 和 NuSMV 核心语法的形式化映射，设计并实现了从 SEPN 自动生成 NuSMV 程序语言的算法，同时设计并实现了 SEPN 的子网自动划分和定级的递归算法来降低计算机处理的时空复杂度，从而提高软件安全性需求动态验证的效率。

5.1 静态验证

本书根据前序的研究内容中对软件安全性需求工作过程的划分和界定的工作内容，按照软件和系统安全性子阶段、软件安全性策划子阶段和软件需求子阶段分别给出了各个子阶段的验证内容，提取了各个子阶段的验证需求，并基于一阶谓词给出了相应的形式化描述。

5.1.1 软件和系统安全性子阶段验证

5.1.1.1 验证内容

软件和系统安全性子模型描述了事故、危险、危险原因、策略、系统安全性需求、失效、形式化描述、故障、系统实体、硬件、软件、操作、操作员、软件和决策等概念的属性和关联。可支持的验证需求内容包括事故严酷度、危险严酷度和风险指数、危险原因控制策略、安全关键软件的初步识别是否正确。

5.1.1.2 验证需求

验证需求1:危险的严重性必须与危险可能导致的最严重事故的严酷度相一致。

形式化描述:

$\forall x_1 \in Hazard, \forall y_1, y_2 \in Accident,$

$(AccidentCauseBy(x_1, y_1) \wedge AccidentCauseBy(x_1, y_2))$

$\wedge(>=(y_1.\ Criticalty, y_2.\ Criticalty)) \rightarrow (=(x_1.\ Criticalty, y_2.\ Criticalty))$

验证需求2:危险的风险等级必须与严重性和可能性相一致。

形式化描述:

$\forall x \in Hazard, (>(x.\ RiskPriority, 1)) \wedge (<(x.\ RiskPriority, 8))$

$(((=(x.\ Criticalty, Castrophic)) \wedge (=(x.\ Possibility, Possible))$

$\vee((=(x.\ Criticalty, Critical)) \wedge (=(x.\ Possibility, Probable))) \vee ((=(x.\ Criticalty, Moderate))$

$\wedge(=(x.\ Possibility, Likely)) \rightarrow ((=(x.\ RiskPriority, 2)))$

$\vee(=(x.\ RiskPriority, 3) \rightarrow ((=(x.\ Criticalty, Castrophic) \wedge (=(x.\ Possibility, Unlikely))$

$\vee(=(x.\ Criticalty, Critical) \wedge (=(x.\ Possibility, Possible)) \vee (=(x.\ Criticalty, Moderate)$

$\wedge(=(x.\ Possibility, Probable)) \vee (=(x.\ Criticalty, Negigible)$

$\wedge(=(x.Possibility, Likely)))$

$\vee(=(x.RiskPriority, 4) \rightarrow ((=(x.Criticalty, Castrophic) \wedge = (x.Possibility, Improbable))$

$\vee(=(x.Criticalty, Critical) \wedge (=(x.Possibility, Unlikely)) \vee (=(x.Criticalty, Moderate)$

$\wedge(=(x.Possibility, Possible)) \vee (=(x.Criticalty, Negigible) \wedge (=(x.Possibility, Probable))$

$\vee(=(x.RiskPriority, 5) \rightarrow ((=(x.Criticalty, Critical) \wedge (= (x.Possibility, Improbable))$

$\vee(=(x.Criticalty, Moderate) \wedge (=(x.Possibility, Unlikely))) \vee (=(x.Criticalty, Negigible)$

$\wedge(=(x.Possibility, Possible)))$

$\vee(=(x.RiskPriority, 6) \rightarrow ((=(x.Criticalty, Moderate) \wedge (= (x.Possibility, Improbable))$

$\vee(=(x.Criticalty, Negigible) \wedge (=(x.Possibility, Unlikely))$

$\vee(=(x.RiskPriority, 7) \rightarrow ((=(x.Criticalty, Negigible) \wedge (= (x.Possibility, Improbable)))$

验证需求3:关键性的危险原因要求有两个以上独立的控制。

形式化描述:

$((\forall x((x \in Hazard) \wedge (=(x.Criticalty, Critical))) \rightarrow ((\exists y \in HazardCause)$

$\wedge(=(y.HarzardID, x.ID) \wedge (\exists z \in HazardCauseRelatedSystemEntity$

$\wedge(\geqslant 2 ControlToSystemEntity(y, z))$

验证需求4:灾难性的危险原因要求有三个独立的控制。

形式化描述:

$((\forall x((x \in Hazard) \wedge (=(x.Criticalty, Castrophic))) \rightarrow ((\exists y \in HazardCause)$

$\wedge(=(y.HarzardID, x.ID) \wedge (\exists z \in HazardCauseRelatedSystemEntity$

$\wedge(\geqslant 3ControlToSystemEntity(y,z))$

验证需求5:软件作为危险的原因,采用硬件等其他手段来控制是不切实可行的。

形式化描述:

$\forall((x \in HarzardCause) \wedge (=(x.kind, Softwate)) \rightarrow$

$((\forall y \in HarzardCauseRelatedSystemEntity) \wedge (=(y.ID, x.ID))) \rightarrow (=(y.Kind, Software)))$

验证需求6:对于每一个危险原因,必须至少有一个控制方法。

形式化描述:

$\forall(x \in HarzardCause) \rightarrow ((\exists y \in HarzardCauseRelatedEntity)$

$\wedge(=(y.ID, x.ID))) \wedge (=(y.Kind, Control)))$

验证需求7:为安全性关键的决策提供信息的软件是安全关键软件。

形式化描述:

$((\forall x \in HarzardCause) \wedge (=(x.HazardCauseSystemEntityKind, Desicion)))$

$\wedge((\exists((y \in HarzardCauseRelatedSystemEntity) \wedge (=(y.RelatedSystemEntityKind, Software))$

$=(y.ID, x.ID))) \rightarrow ((\exists z \in Software) \wedge (=(z.ID, y.RelatedSystemEntityID)$

$\wedge =(z.IsSafetyCritical, True))$

验证需求8:作为失效/故障检测的软件是安全关键软件。

形式化描述:

$((\forall x \in HarzardCause) \wedge (=(x.HazardCauseSystemEntityKind, Monitor)))$

$\wedge((\exists((y \in HarzardCauseRelatedSystemEntity) \wedge (=(y.Related-$

$SystemEntityKindSoftware))$

$\wedge(=(y.ID, x.ID)))\rightarrow((\exists z\in Software)\wedge(=(z.ID, y.RelatedSystemEntityID))$

$\wedge(=(z.IsSafetyCritical, True)))$

验证需求9:验证软件或硬件危险控制的测试软件是安全关键软件。

形式化描述:

$((\forall x\in HarzardCause)\wedge(=(x.HazardCauseSystemEntityKindVerification)))$

$\wedge((\exists((y\in HarzardCauseRelatedSystemEntity)\wedge(=(y.RelatedSystemEntityKindSoftware))$

$\wedge(=(y.ID, x.ID))))\rightarrow((\exists z\in Software)\wedge(=(z.ID, y.RelatedSystemEntityID))$

$\wedge(=(z.IsSafetyCriticalTrue))$

验证需求10:建模仿真程序是安全性关键的脱机软件。

形式化描述:

$((\forall x\in HarzardCause)\wedge(=(x.HazardCauseSystemEntityKind, Simulator))$

$\wedge((\exists((y\in HarzardCauseRelatedSystemEntity)\wedge(=(y.RelatedSystemEntityKind, Software)$

$\wedge(=(y.ID, x.ID)))\rightarrow((\exists z\in Software)\wedge(=(z.ID, y.RelatedSystemEntityID))$

$\wedge=(z.IsSafetyCritical, True))$

验证需求11:用规程进行控制有时是允许的,只要时间足以让飞行机组成员或者地面控制人员执行安全措施即可。

形式化描述:

$\forall x\in Harzard,(=(x.Strategy, 5)\rightarrow(=(x.TimetoCriticalty, 3))$

验证需求12:软件参与或者完全自主控制安全关键功能的情

况下，对应的系统风险指数为2。

形式化描述：

$(\forall x \in Software)(\exists y \in Function)(\exists z \in HarzardCause)$

$(=(y.IsSafetyCritical, True) \wedge (=(y.RealizerKind, Software))$

$\wedge(=(y.RealizerIDx.ID)) \rightarrow (=(x.Criticalty, 2))$

验证需求13：软件具有多个子系统、交互式并行处理器或者多个接口的复杂系统的情况下，对应的系统风险指数为2。

形式化描述：

$\forall x \in Software, (=(x.IsParallel, True) \vee (>(x.SumofSubSystem, 10)) \vee >(x.SumofInterface, 10)) \rightarrow (=(x.Criticalty, 2))$

5.1.2 软件安全性策划子阶段验证

5.1.2.1 验证内容

软件安全性策划子模型描述了系统实体、系统、硬件、软件、操作、操作员、决策信息、存储器和处理器等概念的属性和关联，用于从系统实体间关联的角度刻画软件对安全关键功能的控制程度、自身复杂度，可支持的验证内容包括软件的控制程度、软件的复杂程度、软件的风险指数、安全关键软件的定级是否正确。

5.1.2.2 验证需求

验证需求1：软件某些或者全部安全性关键功能都是时间关键的情况下，对应的系统风险指数为2。

形式化描述：

$(\forall x \in Software)(\exists y \in Function)(=(y.IsTimetoCriticalty, True)$

$\wedge(=y.TimetoCriticalty, 1) \wedge (=(y.RealizerKind, Software))$

$\wedge(=(y.RealizedID, x.ID))) \rightarrow (=(x.Criticalty, 2))$

验证需求2：软件控制危险，但其他安全性系统能够部分的缓解情况下，对应的系统风险指数为3。

形式化描述：

$((\forall x \in Software)(\exists y,z \in HazardCauseRelatedSystemEntity) \wedge$

$=(x.ID, y.RelatedSystemEntityID) \wedge (=(y.RelatedSystemEntityKind, Software)) \wedge$

$(=(y.RelatedKind, Control)) \wedge (\neg =(y.ID, z.ID)) \wedge (=(z.RelatedSystemEntityID, x.ID)) \wedge$

$=(z.RelatedKind, Migitation) \wedge (=(z.Degree, Partly)))\rightarrow(=(x.Criticalty, 3)))$

验证需求3：软件检测危险，通知操作员需要采取安全性措施情况下，对应的系统风险指数为3。

形式化描述：

$((\forall x \in Software)(\exists y,z \in HazardCauseRelatedSystemEntity) \wedge$

$(=(x.ID, y.RelatedSystemEntityID) \wedge =(y.RelatedSystemEntityID, z.RelatedSystemEntityID)) \wedge$

$=(y.RelatedSystemEntityKind, Software) \wedge =(z.RelatedSystemEntityKind, Software)$

$\wedge(=(y.RelatedKind, Monitor)) \wedge (=(z.RelatedKind, Alarm)))\rightarrow$
$(=(x.Criticalty, 3)))$

验证需求4：软件具有适度的复杂性，具有很少子系统和/或少数接口情况下，对应的系统风险指数为3。

形式化描述：

$\forall x \in Software, ((<(x.SumofSubSystem, 3))$

$\wedge(<(x.SumofInterface, 5)))\rightarrow(=(x.Criticalty, 3))$

验证需求5：软件实现的某些危险控制措施可能是时间关键的，但不超过操作员或者自动系统响应所需要的时间情况下，对应的系统风险指数为3。

形式化描述：

$(\forall x \in Software)(\exists y \in Function)(=(y.IsTimetoCriticalty,$

$True) \wedge =((y.\ TimetoCriticalty,2) \wedge (=(y.\ RelizerKind,Software)) \wedge (=(y.\ RelizerID,x.\ ID)) \rightarrow (=(x.\ Criticalty,3))$

验证需求6:如果软件存在故障,存在若干缓解系统以防止危险的情况下,对应的系统风险指数为4。

形式化描述:

$((\forall x \in Software)(\exists y,z \in HazardCauseRelatedSystemEntity) \wedge =((x.\ ID,y.\ RelatedSystemEntityID) \wedge (=(y.\ RelatedSystemEntityKind,Software)) \wedge$

$(=(y.\ RelatedKind,Control)) \wedge (\neg =(y.\ ID,z.\ ID)) \wedge (=(z.\ RelatedSystemEntityID,x.\ ID)) \wedge$

$=((z.\ RelatedKind,Migitation)) \rightarrow (=(y.\ Criticalty,4)))$

验证需求7:软件是冗余的安全性关键信息来源的情况下,对应的系统风险指数为4。

形式化描述:

$(\forall x \in Software)(\exists y,z \in InformationSource)(=(x.ID,y.\ SourceEntityID))$

$\wedge (=(y.\ SourceEntityKind,Software)) \wedge (=(y.\ IsCritical,True)) \wedge (=(y.\ ID,z.\ ID))) \rightarrow (=(x.\ Criticalty,4))$

验证需求8:如果软件是稍微复杂的系统,具有有限的接口数情况下,对应的系统风险指数为4。

形式化描述:

$\forall x \in Software,(<(x.\ SumofSubSystem,4) \wedge (<(x.\ SumofInterface,8)) \rightarrow (=(x.\ Criticalty,4))$

验证需求9:如果软件不为操作员提供安全关键信息,对应的系统风险指数为5。

形式化描述:

$(\forall x \in Software)(\neg \exists y \in InformationSource)(=(x.ID,y.\ SourceEntityID))$

$\wedge$ (= (*y. SourceEntityKind*, *Software*)) $\wedge$ (= (*y. IsCritical*, *True*))$\rightarrow$(= (*x. Criticalty* ,5))

验证需求 10:如果软件仅有 2 ~ 3 个子系统和有限数目接口的简单系统,对应的系统风险指数为 5。

形式化描述:

$\forall x \in$ *Software*, ((< (*x. SumofSubSystem*, 3)) $\wedge$ (< (*x. SumofInterface* ,5))$\rightarrow$(= (*x. Criticalty* ,3))

验证需求 11:如果软件不是时间关键性的,对应的系统风险指数为 5。

形式化描述:

($\forall x \in$ *Software*) ($\neg$ $\exists y \in$ *Function*) (= (*y. IsTimetoCriticalty*, *True*) $\wedge$ (= (*y. RelizerKind* , *Software*)) $\wedge$ (= (*y. RelizerID* , *x. ID*))$\rightarrow$ (= (*x. Criticalty* ,5))

5.1.3 软件需求子阶段验证

5.1.3.1 验证内容

软件需求阶段子模型包括系统安全性需求、软件安全性需求、通用和特定的软件安全性需求、系统实体,软件和形式化描述为核心的概念和概念间关联,用于支持从功能实现和功能间关联的角度对软件安全性需求进行建模。在软件的研制过程中,相似的处理器、平台、软件功能和使用环境可能引起相似的安全性需求。这些软件安全性需求实际上是在不同项目和环境中解决共同的软件安全性问题的最佳实践的集合。它们是这些经验教训的成功总结,为开发者提供了非常有价值的通用的安全性需求来源,可以通过复用这些通用的安全性需求和已经过实践证明的满足这些需求的解决方法来代替采用新方法,以减少代价,避免重蹈覆辙,同时也可以作为软件安全性需求验证的规则来源,以支持验证这一阶段的软件安全性需求是否被违背和缺失。本书主要参考的通用软件安全性需求来源如表5-1所示。

表5-1　通用软件安全性需求来源表

序号	标准号	标准中文名	标准英文名
1	Joint Software System Safety Committee	软件安全性手册	Software system safety handbook
2	NASA – GB – 8719.13	软件安全性指南	NASA software safety guidebook
3	FAA	系统安全性手册	System safety handbook
4	SSP 50021	安全性需求文档	Safety requirements document
5	NSTS 19943	北约客户命令要求和指南	Command requirements and guidelines for NSTS Customers
6	AFISC SSH 1 – 1	系统安全性手册 – 软件安全性	System safety handbook – software system safety
7	EIA Bulletin SEB6	软件开发中的系统安全性工程	A system safety engineering in software development

5.1.3.2　验证需求

验证需求1：软件功能的安全关键度应与其可能导致的最严重的危险级别相一致。

形式化描述：

$(\forall x \in Function)(\neg \exists y \in HazardCause)(=(x.Realizer, Software)$

$\wedge(=(y.HazardCauseEntityKind, Function)) \wedge (=(y.HazardCauseEntityID, x.ID))$

$\wedge(>(x.Criticality, y.Criticality)))$

验证需求2：安全关键的软件功能必须有失效检测、隔离、灾难恢复（FDIR）和防止关键危险事件的出现。

形式化描述：

$((\forall x_1 \in Function) \wedge (=(x_1.Realizer, Software)) \wedge (=(x_1.Is-$

$SafetyCritical, True))$

$\rightarrow((\exists x_2, x_3, x_4 \in Function) \wedge$

$\wedge (=(x_2.ObjectKind, Software)) \wedge (=(x_3.ObjectKind, Software))$

$\wedge (=(x_4.ObjectKind, Software)))$

$\wedge (=(x_2.ObjectID, x_1.ID) \wedge (=(x_3.ObjectID, x_1.ID) \wedge (=(x_4.ObjectID, x_1.ID))$

$\wedge (=(x_2.KindFailureDetection)) \wedge (=(x_3.Kind, Isolation)) \wedge (=(x_4.Kind, Recovery)))$

验证需求 3：软件必须为已知的安全关键功能，视危险程度至多在 24 小时内，实现自动的失效检测、隔离和恢复。

形式化描述：

$((\forall x_1 \in Function) \wedge (=(x_1.Realizer, Software)) \wedge (=(x_1.IsSafetyCritical, True)))$

$\rightarrow((\exists x_2, x_3, x_4 \in Function) \wedge (=(x_2.Kind, FailureDetection))$

$\wedge (=(x_3.Kind, Isolation)) \wedge (=(x_4.Kind, Recovery)) \wedge (<(x_2.RealizerTime, 24h))$

$\wedge (<(x_3.RealizerTime, 24h) \wedge (<(x_4.RealizerTime, 24h)))$

验证需求 4：自动的恢复动作必须通知操作员、指挥管理者或者控制执行人员，同时没有必要对机务、地面操作员继续执行恢复动作做出响应。

形式化描述：

$((\forall x_1 \in Function) \wedge (=(x_1.Realizer, Software)) \wedge (=(x_1.Kind, Recovery)))$

$\rightarrow((\exists x_2 \in Function) \wedge (=(x_2.Kind, Notify)) \wedge (=(x_2.TriggerKind, Function))$

$\wedge (=(x_2.TriggerID, x_1.ID)) \wedge (=(x_2.ObjectKind, Operator)) \wedge (\neg \exists x_3 \in Function)$

$\wedge(=(x_3.Kind, Respond))\wedge(=(x_3.TriggerKind, Function))$
$\wedge(=(x_3.TriggerID, x_1.ID))$

$\wedge(=(x_3.ObjectKind, Operator))\wedge(=(x_3.ObjectID, x_2.ID)))$

验证需求5:FDIR的软件功能的安全关键度不应低于目标功能的安全关键度。

形式化描述:

$((\forall x\in Function)(\neg\ \exists y\in Function)(=(x.RealizerKind, Software)$

$\wedge(=(x.KindFailure, Detection)\vee(=(x.Kind, Isolation))\vee(=(x.Kind, Recovery)))$

$\wedge(=(x.ObjectID, y.ID))\wedge(>(x.Criticality, y.Criticality)))$

验证需求6:FDIR的软件功能的时间关键度不应低于目标功能的时间关键度。

形式化描述:

$((\forall x\in Function)(\neg\ \exists y\in Function)(=(x.RealizerKind, Software))$

$\wedge(=(x.KindFailure, Detection)\vee(=(x.Kind, Isolation))\vee(=(x.Kind, Recovery)))$

$\wedge(=(x.ObjectID, y.ID))\wedge(>(x.TimetoCriticality, y.TimetoCriticality)))$

验证需求7:FDIR软件必须存在于可用的、无失效的控制平台上,这个平台和被监视功能是区别开的。

形式化描述:

$((\forall x\in Function)\wedge(=(x.RealizerKind, Software)\wedge(=(x.KindFailure, Detection))$

$\vee(=(x.Kind, Isolation))\vee(=(x.Kind, Recovery)))\wedge(=(x.Realizer, Software)))\rightarrow$

$(\exists y\in Partition)\wedge(=(y.Entity1KindSoftware))\wedge(=(y.En-$

$tityID, x.RealizerID))$

$\wedge(=(y.Entity2Kind, x.ObjectKind)) \wedge (=(y.Entity2ID, x.ObjectID)))$

验证需求8:撤销或取消命令需要经过多个操作步骤。

形式化描述:

$((\forall x_1 \in Function)(=(x_1.RealizerKind, Software)) \wedge (=(x_1.Kind, Override)))$

$\rightarrow((\exists x_2, x_3 \in Function)(\neg =(x_2.ID, x_3.ID)) \wedge (=(x_1.TriggerID, x_2.ID))$

$\wedge(=(x_2.TriggerID, x_3.ID)))$

验证需求9:软件必须视危险事件的关键度按照时间要求及时处理必要的命令。

形式化描述:

$(\forall x \in Function)(=(x.RealizerKind, Software) \wedge (=(x.IsSafetyCritical, True)))$

$\rightarrow(<(x.RealizerTime, x.TimetoCritcality))$

验证需求10:危险命令必须只能由控制应用程序、操作员、指挥管理者或者有授权的控制执行者提出。

形式化描述:

$((\forall x \in Function)(=(x.RealizerKindSoftware) \wedge (=(x.IsSafetyCritical, True)))$

$\rightarrow(=(x.TriggerKind, Software) \vee (=(x.TriggerKind, Operator))$

$\wedge((\exists y \in Operator)(=(y.ID, x.TriggerID)) \wedge (=(y.Duty, Operator) \vee (=(y.Duty, Admin))$

$\vee(=(y.Duty, AuthorizedController)))$

验证需求11:执行危险命令的软件必须通知发起者、指挥管理者、被授权的控制执行者或者提供执行失败的原因。

形式化描述：

$((\forall x_1 \in Function)(=(x_1.\ RealizerKind, Software) \wedge (=(x_1.\ IsSafety, CriticalTrue)) \rightarrow$

$((\exists x_2, x_3, x_4 \in Function)(=(x_2.\ Kind = x_3.\ Kind) \wedge (=(x_3.\ Kind, x_4.\ Kind)) \wedge (=(x_4.\ Kind, Notify))$

$\wedge (=(x_2.\ TriggerKind, x_3.\ TriggerKind)) \wedge (=(x_3.\ TriggerKind, x_4.\ TriggerKind) \wedge$

$(=(x_4.\ TriggerKind, Function))$

$\wedge (=(x_2.\ ObjectKind, Operator))$

$\wedge ((\exists y_1 \in Operator) \wedge (=(y_1.\ Duty, Operator)) \wedge (=(y_1.\ ID, x_2.\ ObjectID))$

$\wedge (=(x_3.\ ObjectKind, Ground))$

$\wedge ((\exists y_2 \in Operator) \wedge (=(y_2.\ Duty, Ground) \wedge (=(y_2.\ ID, x_3.\ ObjectID))$

$\wedge (=(x_4.\ ObjectKind, Admin))$

$\wedge ((\exists y_3 \in Operator) \wedge (=(y_3.\ Duty, AuthorizedController)) \wedge (=(y_3.\ ID, x_4.\ ObjectID)$

$\vee ((\exists x_5 \in Function)(=(x_5.\ Kind, Respond)) \wedge (=(x_5.\ TriggerKind, Function))$

$\wedge (=(x_5.\ TriggerID, x_1.\ ID)))$

验证需求 12：在安全执行被认为是危险命令之前，必须满足执行的先决条件（正确的模式、正确的配置、组件可用、合适的顺序和参数在范围之内）。

形式化描述：

$((\forall x \in Function)(=(x.\ RealizerKind, Software) \wedge (=(x.\ IsSafetyCritical, True))$

$\rightarrow ((\exists y \in Function)(=(y.\ Kind, Precondition)) \wedge (=(y.\ ObjectKind, Function))$

$\wedge(=(y.ObjectID, x.ID))))$

验证需求 13：如果先决条件未被满足，软件必须拒绝执行命令同时向操作者、指挥管理者、被授权的执行控制者告警。

形式化描述：

$((\forall x \in Function)(=(x.IsSafetyCritical, True) \wedge (=(x.Kind, Precondition)))$

$\rightarrow((\exists x_2, x_3, x_4 \in Function)(=(x_2.Kind, x_3.Kind) \wedge (=(x_3.Kind, x_4.Kind) \wedge$

$=(x_4.Kind, Alarm))$

$\wedge(=(x_2.TriggerKind, x_3.TriggerKind)) \wedge (=(x_3.TriggerKind, x_4.TriggerKind) \wedge$

$(=(x_4.TriggerKind, Function))$

$\wedge(=(x_2.TriggerID, x_3.TriggerID)) \wedge (=(x_3.TriggerID, x_4.TriggerID) \wedge$

$(=(x_4.TriggerID, x.ID))$

$\wedge(=(x_2.ObjectKind, Operator))$

$\wedge((\exists y_1 \in Operator) \wedge (=(y_1.Duty, Operator)) \wedge (=(y_1.ID, x_2.ObjectID))$

$\wedge(=(x_3.ObjectKind, Admin))$

$\wedge((\exists y_2 \in Operator) \wedge (=(y_2.Duty, Ground)) \wedge (=(y_2.ID, x_3.ObjectID))$

$\wedge(=(x_4.ObjectKind, Ground))$

$\wedge((\exists y_3 \in Operator) \wedge (=(y_3.DutyAuthorized, Controller)) \wedge (=(y_3.ID, x_4.ObjectID))$

验证需求 14：软件应使所有软件可控制的禁止机制对操作员、指挥管理者或者控制执行主管报警。

形式化描述：

$((\forall x \in Function)(=(x.IsSafetyCritical, True) \wedge (=(x.Kind,$

$Inhibition)))$

$\rightarrow((\exists x_2, x_3, x_4 \in Function)(=(x_2.Kind, x_3.Kind) \wedge (=(x_3.Kind, x_4.Kind)$

$\wedge(=(x_4.Kind, Alarm)$

$\wedge(=(x_2.TriggerKind, x_3.TriggerKind)) \wedge (=(x_3.TriggerKind, x_4.TriggerKind) \wedge$

$(=(x_4.TriggerKind, Function))$

$\wedge(=(x_2.TriggerID, x_3.TriggerID)) \wedge (=(x_3.TriggerID, x_4.TriggerID) \wedge$

$(=(x_4.TriggerID, x.ID))$

$\wedge(x_2.ObjectKind = Operator)$

$\wedge((\exists y_1 \in Operator) \wedge (=(y_1.Duty, Operator)) \wedge (=(y_1.ID, x_2.ObjectID))$

$\wedge(=(x_3.ObjectKind, Admin))$

$\wedge((\exists y_2 \in Operator) \wedge (=(y_2.Duty, Ground)) \wedge (=(y_2.ID, x_3.ObjectID))$

$\wedge(=(x_4.ObjectKind, Ground))$

$\wedge((\exists y_3 \in Operator) \wedge (=(y_3.Duty, AuthorizedController)) \wedge (=(y_3.ID, x_4.ObjectID))$

验证需求15:软件应接受和处理操作员、指挥管理者或者控制执行主管发出的激活或解除软件可控制禁止机制的命令。

形式化描述:

$((\forall x \in Function)(=(x.IsSafetyCritical, True) \wedge (=(x.Kind, Inhibition))$

$\rightarrow((\exists y_1, y_2 \in Function)(=(y_1.Kind, Activate)) \wedge (=(y_1.TriggerKind, Function))$

$\wedge(=(y_1.TriggerID, x.ID)) \wedge (=(y_1.ObjectKind, Operator))$

$\wedge(=(y_2.Kind, DeActive)) \wedge (=(y_2.TriggerKind, Function))$

$\wedge(=(y_2.TriggerID, x.ID)) \wedge (=(y_2.ObjectKind, Operator)))$

验证需求16：软件应为系统操作者或者指挥管理者提供手段，以便强制执行自动安全保护、故障隔离或切换功能。

形式化描述：

$((\forall x \in Function)$

$((x.Kind = Protection) \vee (=(x.Kind, Isolation)) \vee (=(x.Kind, Switch))$

$\rightarrow((\exists y \in Function)((=(y.Kind, ForcedActivate) \wedge (=(y.ObjectKind, Function)$

$\wedge(=(y.ObjectID, x.ID)) \wedge (=(y.TriggerKind, Operator))$

$\wedge(=(y.Duty, Ground) \vee (=(y.Duty, Operator)))$

验证需求17：软件应为系统操作者或者指挥管理者提供手段，以便强制终止自动安全保护、故障隔离或切换功能。

形式化描述：

$((\forall x \in Function)$

$(=(x.Kind, Protection) \vee (=(x.Kind, Isolation)) \vee (=(x.Kind, Switch))$

$\rightarrow((\exists y \in Function)((=(y.Kind, ForcedDeActivate)) \wedge (=(y.ObjectKind, Function))$

$\wedge(=(y.ObjectID, x.ID)) \wedge (=(y.TriggerKind, Operator))$

$\wedge(=(y.Duty, Admin) \vee (=(y.Duty, Operator)))$

验证需求18：软件应为系统操作者或者指挥管理者提供手段，以便返回到任何自动安全保护、故障隔离或切换功能的先前模式或者配置。

$((\forall x \in Function)$

$(=(x.Kind, Protection) \vee (=(x.Kind, Isolation)) \vee (=(x.Kind, Switch)))$

$\rightarrow((\exists y \in Function)((=(y.Kind, Recovery) \wedge (=(y.Object-$

$Kind, Function))$

$\wedge(=(y.ObjectID, x.ID))\wedge(=(y.TriggerKind, Operator))$

$\wedge(=(y.Duty, Admin)\vee(=(y.Duty, Operator))$

验证需求19:软件应为系统操作者或者指挥管理者提供手段,以强行禁用自动安全保护、故障隔离或切换功能。

形式化描述:

$((\forall x \in Function)$

$(=(x.Kind, Protection)\vee(=(x.Kind, Isolation))\vee(=(x.Kind, Switch))$

$\rightarrow((\exists y \in Function)((=(y.Kind, ForcedInhibition))\wedge(=(y.ObjectKind, Function))$

$\wedge(=(y.ObjectID, x.ID))\wedge(=(y.TriggerKind, Operator))$

$\wedge(=(y.Duty, Admin)\vee(=(y.Duty, Operator))$

验证需求20:危险载荷应向核心软件系统提供失效状态和数据。核心软件系统应处理危险载荷的状态和数据,以便提供状态监控和失效通告。

形式化描述:

$(\forall x \in HazardPayload)\rightarrow((\exists(y_1, y_2 \in Function)\wedge(\neg =(y_1.ID, y_2.ID))$

$\wedge(=(y_1.Kind, Monitor)\wedge(=(y_1.ObjeictKind, HazardPayload))$

$\wedge(=(y_1.ObjeictID, x.ID)\wedge(=(y_2.Kind, Notify))$

$\wedge(=(y_2.TriggerKind, Function)\wedge(=(y_2.TriggerID, y_1.ID))$

验证需求21:对于只使用软件来缓解危险风险的系统,软件应要求每一个可能导致关键性或灾难性的指令系统措施都具有两个独立的命令信息。

形式化描述:

$(\forall x \in HazardCause)(=(x.Criticalty, Catastrophic)\vee(=(x.$

$Criticalty, Critical))$

$(\neg\ \exists y_1 \in Function)(=(y_1.ObjectKind, Hazard) \wedge (=(x.ID, y_1.ID)) \wedge (=(y_1.Kind, Migitation)$

$(\neg\ =(y_1.RealizerKind, Software))$

$\rightarrow(\exists y_2, y_3 \in Function)(\neg\ =(y_2.ID, y_3.ID)) \wedge (=(y_2.Kind, y_3.Kind) \wedge (=(y_3.Kind, Precondition))$

$\wedge =(y_2.Kind, y_3.Kind) \wedge (y_3.Kind = Function) \wedge (=(y_2.ObjectID, y_3.ObjectID)$

$\wedge (=(y_3.ObjectID, y_1.ID))$

验证需求 22：软件应要求两个独立的操作员动作，以启动或者终止一个可能导致关键性危险的系统功能。

形式化描述：

$(\forall x \in Function)(=(x.Criticalty, Critical) \wedge (=(x.TriggerKind, Operator)))$

$\rightarrow((\exists(y_1, y_2) \in Function)(=(y_1.RealizerKind, Operator)$

$\wedge (=(y_1.Kind, Activate)) \wedge (=(y_1.ObjectKind, Function)) \wedge (=(x.ID, y_1.ObjectID))$

$\wedge (=(y_2.Kind, Precondition)) \wedge (=(y_2.ObjectID, y_1.ID))$

$\wedge (=(y_2.RealizerKind, Operator)) \wedge (=(y_2.ObjectKind, Operation)))$

验证需求 23：软件应要求三个独立的操作员动作，以启动或者终止一个可能导致灾难性危险的系统功能。

形式化描述：

$(\forall x \in Function)(=(x.Criticalty, Catatrosphic) \wedge (=(x.TriggerKind, Operator))$

$\rightarrow((\exists(y_1, y_2, y_3) \in Function)(=(x.TriggerKind, y_1.RealizerKind)$

$\wedge (y_1.RealizerKind, Operator)$

$\wedge(=(y_1.Kind,Activate))\wedge(=(y_1.ObjectKind,Function))\wedge$
$(=(x.ID,y_1.ObjectID))$

$\wedge(=(x.TriggerID,y_1.RealizerID))\wedge(=(y_2.Kind,Precondition))\wedge(=(y_2.ObjectID,y_1.ID)$

$\wedge(=(y_2.ObjectKind,Operation)))\wedge(=(y_2.RealizerKind,Operator)$

$\wedge(=(y_3.Kind,Precondition)\wedge(=(y_3.ObjectID,y_1.ID))$

$\wedge(=(y_3.ObjectKind,Operation)))\wedge(=(y_3.RealizerKind,Operator))$

验证需求24:可操作的软件功能应只允许经过授权的访问。

形式化描述:

$(\forall x\in Function)(=(x.TriggerKind,Operator)\rightarrow$

$((\exists y\in Operator)(=(x.TriggerID,y.ID))\wedge(=(y.IsAuthorizend,True))$

验证需求25:如果出现硬件失效或导致系统失效的软件故障,或者在软件检测到一个与当前操作模式不一致的配置时,软件应能使系统处于某个安全状态。

形式化描述:

$(\forall x_1\in Function)(=(x_1.Kind,Detction)\wedge(=(x_1.RealizerKind,Software))$

$\rightarrow((\exists x_2\in Function)(=(x_2.Kind,Recovery)\wedge(=(x_2.TriggerKind,Function))$

$\wedge(=(x_2.TriggerID,x_1.ID))$

验证需求26:当软件获知或者检测到硬件失效、导致系统失效的软件故障或者一个与当前操作模式不一致的配置时,软件应通知系统操作者、指挥管理者或者控制执行主管。

形式化描述:

$(\forall x_1\in Function)(=(x_1.Kind,Dection)\wedge(=(x_1.Realizer-$

$Kind, Software)))$

$\rightarrow((\exists x_2 \in Function)(=(x_2.Kind, Notify) \wedge (=(x_2.TriggerKind, Function))$

$\wedge(=(x_2.TriggerID, x_1.ID)) \wedge (=(x_2.ObjectKind, Operator))$

验证需求 27：具有一个关键性时间且不可能及时进行人工干预的那些危险过程和安全过程应被自动化（即不需要系统操作者的干预就可以启动或者结束）。

形式化描述：

$(\forall x \in Function)(=(x.IsSafetyCritical, True) \wedge (=(x.IsTimetoCriticalty, True))$

$\rightarrow(\neg =(x.RealizerKind, Operator))$

验证需求 28：在某个自动化危险过程或安全过程的执行期间或者之后，软件应立即通知系统操作者、指挥管理者或者控制执行主管。

形式化描述：

$(\forall x_1 \in Function)(=(x.IsSafetyCritical, True) \wedge (\neg =(x.RealizerKind, Operator))$

$\rightarrow(\exists(x_2 \in Function)(=(x_2.TriggerKind, Function)) \wedge (=(x_1.ID, x_2.TriggerID))$

$\wedge(=(x_2.Kind, Notify)) \wedge (=(x_2.ObjectKind, Operator))$

5.2 动态验证

5.2.1 模型检验

模型检验是形式化验证的一种方法，它是一种基于有限状态模型并检验该模型的期望特性的技术。模型检验的优点是完全自动化并且验证速度快，当所检验的性质未被满足时，将终止搜索过程并自动给出反例，因而得到工业界的青睐。

时态逻辑是模型检验工具的性质描述逻辑,又称为时序逻辑,是一种引申的模态逻辑。模态(modal)逻辑是经典命题逻辑和一阶谓词逻辑的扩展形式,通过引入"可能"和"必然"两个模态词,对可能世界中的命题进行描述和运算。

5.2.1.1 命题线性时态逻辑

命题线性时态逻辑(PLTL)是在命题逻辑中增加了如下模态词(时态算子):

□ always 算子,□A 表示 A 总是为真或者 A 永远为真;

◇ sometimes 算子,◇A 表示 A 最终为真或者 A 有时为真;

○ next 算子,○A 表示 A 在下一时刻为真;

▷ until 算子,A▷B 表示 A 一直为真,直到 B 为真;

命题线性时态逻辑公式,简称为 PLTL 公式,定义如下:

① 原子命题是 PLTL 公式;

② 如果 A,B 是 PLTL 公式,那么(¬ A)、(A ∧ B)、(A ∨ B)、(A→B)、(A↔B)是 PLTL 公式;

③ 如果 A 是 PLTL 公式,那么(□A)、(◇A)、(○A)是 PLTL 公式;

④ 如果 A、B 是 PLTL 公式,那么(A▷B)是 PLTL 公式;

⑤ 当且仅当有限次地使用① ② ③ ④ 所组成的符号串是 PLTL 公式。

利用命题线性时态逻辑可以对软件需求的约束做出抽象表述,示例和解释如下:

① A→□ B:如果当前状态 A 为真,则最终会出现 B 为真的状态;

② □(A→◇B):从当前状态开始,使 A 为真的状态后终将有使 B 为真的状态;

③ ◇□A:从某一状态开始 A 永远为真;

④ ◇(A ∧ ○¬ A):终将有一状态,在该状态中 A 为真,并且

下一状态中 A 为假;

⑤ □◇A:从今后任何状态而言,其后都将有状态使 A 为真;

⑥ □(A→□B):对今后状态而言,A 真将导致 B 从此永远真;

⑦ □A∨(A▷B):或者 A 从此永远真,或者 A 从此一直真直到使 B 真的状态出现;

⑧ ◇A→(¬ A▷B):如果有状态使 A 为真,那么必将有一状态,使 A 在此状态前一直为假,而 B 在此状态中为真;

⑨ □A→○□A:如果 A 从此永远为真,那么下一状态中,A 仍然将永远为真;

⑩ A▷B→◇B:如果有状态使 A 在此之前一直真,而在其中 B 为真,那么 B 有时会为真;

⑪ □(A→○□A)→(A→□A):如果在今后状态中,A 真蕴含下一状态 A 为真,那么 A 一旦真便永远真;

⑫ A▷B↔(B∨(A∧○(A▷B))):从现在开始 A 一直真到 B 真,等同于现在 B 真,或者现在 A 真,而下一时刻起 A 一直真到 B 真。

5.2.1.2 计算树逻辑

计算树逻辑(CTL)是一种离散、分支时间、命题时态逻辑。在 CTL 中,除了具有时态算子 always(□)、sometimes(◇)、next(○)和 until(▷)外,还增加了路径量词:所有未来路径(A)、至少某一路径(E)。

计算树逻辑公式,简称为 CTL 公式,定义如下:

① 原子命题(命题常元或者命题变元)是 CTL 公式;

② 如果 φ、ψ 是 CTL 公式,那么($\neg \varphi$)、($\varphi \wedge \psi$)、($\varphi \vee \psi$)、($\varphi \rightarrow \psi$)、($\varphi \leftrightarrow \psi$)是 CTL 公式;

③ 如果 φ、ψ 是 CTL 公式,那么(A○φ)、(E○φ)、(A(φ▷ψ))、(E(φ▷ψ))、(A◇φ)、(E◇φ)、(A□φ)、(E□φ)是 CTL 公式;

④ 当且仅当有限次使用① ② ③ 所组成的符号串是 CTL 公式。

软件系统的许多性质都可以通过 CTL 公式来描述,示例和解释如下:

E◇(started ∧ ¬ ready):存在一个启动 started 成立但就绪 ready 不成立的状态;

A□(requested→A◇acknowledged):对于任一状态,如果请求 requested 出现,则终将出现应答 acknowledged;

A□(A◇enabled):某一进程在所有路径上都会使得 enable 无限次;

A◇(A□deadlock):某一进程将最终进入死锁 deadlock;

A□(E◇restart):任一状态都能进入重新启动 restart 状态。

5.2.2 NuSMV

NuSMV 是一种符号模型检验工具,是建立在一个联合形式化方法项目基础上开发的。参加这个项目的有 ITC - IRST 的自动推理系统小组、卡内基·梅隆大学的模型检验小组、意大利的 Genova 和都灵大学的推理机小组。NuSMV 代表"New Symbolic Model Verifier"(新符号模型检测器),提供一种描述模型的语言,而且基于这些模型可以直接检测 LTL(或 CTL)公式的有效性。NuSMV 输入语言提供简单数据类型有布尔型、子界类型和枚举类型。

NuSMV 以描述模型的程序和一些规范(时态逻辑公式)组成的文本作为输入。若规范成立,它产生输出"真";否则显示一个迹,表明为什么关于程序所表示的模型该规范是假的。NuSMV 在进行建模时从初始状态、当前状态和变化状态的方法三个方面来表示系统的状态转换,而这正可以体现出 Petri 网模型的动态特性。它的异步交叉执行方式满足了 Petri 网模型的异步特性,并且 NuSMV 输出的迹即是违背性质的反例路径。

NuSMV 是对第一个基于 BDD 的模型检验工具——SMV 的重构和扩展,可以用于工业设计的验证、定制验证工具、形式化验证的测试平台和其他研究和应用领域。NuSMV 的程序结构如图 5-1 所示。

```
        MODULE main
        VAR
            request:boolean;
            state:ready,busy;
        ASSIGN
初始值  {   init(state) : = ready;
            next(state) : = case  }  现在的状态
状态转  {   state = ready & request = 1:busy;
换方法  {   1:{ready,busy};
            esac;
        SPEC
安全性约束 {  EF request = 1 & state = busy;
```

图 5-1 NuSMV 程序结构图

NuSMV 的模型输入程序语言的语法结构的释义如下:

(1) 申明状态变量。

布尔型 Boolean: VAR x: boolean

枚举型 Enumerative: VAR st {ready, busy, waiting, stopped}

有限整数型 Integers (bounded): VAR n: 1..8

(2) 添加状态变量。

```
MODULE main
VAR
  b0: boolean;
  b1: boolean;
ASSIGN
  init(b0): =0;
```

next(b0):= !b0;

(3) 表达式。

算术运算　Arithmetic operators: +, -, *, /

比较运算　Comparison operators: = >, <, < =, > =

逻辑运算符　Logic operators: &, |, !, - >, < - >

集合运算符　Set operators: In, union

条件表达式　Conditional expression:

```
case
e1: e2;
e3: e4;
……
Esac
```

(4) 验证性质。

NuSMV 通过 SPEC 关键字标识出性质,有 CTL、LTL、Invariant 三种,对应书中应用实例所涉及的需求 CTL。CTL 符号形式和定义如下,其中 p 为表达式:

◇ EX p:p 在某个下一个状态为真

◇ AX p:p 在所有下一个状态为真

◇ EF p:p 至少在某状态时会为真

◇ AF p:p 在所有状态为真

◇ EG p:p 在某个无穷序列中为真

◇ AG p:p 在所有无穷序列中为真

◇ E[p U q]:存在一个 p,q 为先后的序列,q 在 p 之后为真

◇ A[p U q]:对于所有 p,q 为先后的序列,q 在 p 之后为真

5.2.3　语义映射

NuSMV 没有完善的程序语言编辑工具和环境,有限的语法检查功能给程序编写和调试带来了很大的麻烦。另一方面,模型检

验语言的实质是以语言描述自动状态机。在实际的程序编写之前,特别是系统比较复杂情况下,系统分析人员都会先图形化系统,得到系统状态变迁视图后再进入程序编制阶段。

因此,建立从形式化的图形模型到验证语言的自动转化将减少人工编写产生的无谓错误和调试带来的工作量,将大大提高验证工作的效率。同时,在系统开发早期的需求和设计存在相对频繁的变动,这使得验证程序也需要进行对应的修改,但人工的频繁修改程序会导致大量无谓的错误、矛盾和调试工作量。以形式化的图形模型辅助建模,既有利于验证人员熟悉和构建复杂系统,提高分析和验证工作的效率,也为基于模型的验证和自动化转换奠定了基础。

本书建立了软件安全 Petri 网和 NuSMV 核心语法的形式化映射(见表 5-2)。本书基于表中的语法映射,根据扩展 Petri 网模型语义自动生成符合 NuSMV 核心语法规范的验证代码。

表 5-2　SEPN 和 NuSMV 的核心语义映射

SEPN	NuSMV
	***Var* 申明部分**
Place. kind	变量类型
Place. name	变量名
Place. value. min	变量下限
Place. value. max	变量上限
	***Assign* 赋值部分**
Place. value. m	赋变量初值
	case 语句
Weight. kind Weight. opkind Weight. enable	一元组合判断
Weight. kind Weight. opreation	多元组合判断
Weight. kind Weight. opkind Weight. enable	一元组合运算

续表

SEPN	NuSMV
Weight. kind Weight. opreation	多元组合运算
C(性质子网)	***Spec*** **部分**

5.2.4　代码自动生成

本书根据以上 SEPN 的扩展形式化定义和模型检验语言建立的语义映射,实现了 SEPN 到 NuSMV 核心程序语言的自动转换,程序设计流程如图 5-2 所示。

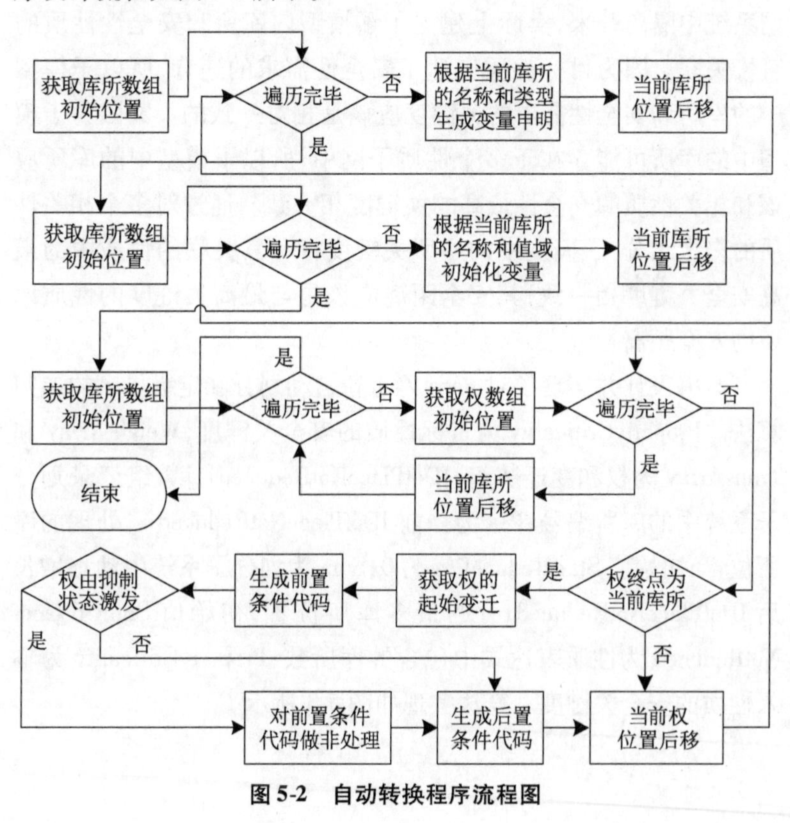

图 5-2　自动转换程序流程图

5.2.5 划分和定级

安全性的核心思想之一就是将对象进行安全性区分，根据不同的安全等级投入不同的资源，所以安全性具有内在的划分和定级要求。

安全性性质的形式化表达，由变量、连接词和运算符组成，变量即对应着 Petri 网中的库所。因此，本书从性质涉及的变量即库所出发，找到 Petri 网中所有与其相关的库所和变迁，即完成根据该性质对 Petri 网系统的一次划分。

通过以上子模型的自动划分将与目标性质相关的库所从 Petri 网系统中隔离开来，实际上建立了子模型内库所和安全性性质的直接关联。因为目标性质表达了安全性需求的违背，所以子模型中的库所和安全性需求的关键度应该是相对一致的。又因为子模型中的库所可能存在于多个性质子网中，所以子模型中的库所应该和相关性质的安全性最高的关键度相一致。通过对多个相关性质的多次划分，子模型中的库所关键度将和其关联的性质中的最高安全关键度相一致，其安全距离应该是与最高关键度的性质库所的安全距离。

本书设计并实现了对 Petri 网进行自动划分和定级排序的递归算法。PropertyCriticality 为目标性质的安全关键度，WeightArray 和 TransArray 为权和变迁数组；IDofPlaceNotReduced[ ]数组记录划分子系统中的库所编号；Pos 为当前 IDofPlaceNotReduced[ ]处理的库所位置，初始值 StartReducePos 为 0；Sum 为划分子系统中动态增长后 IDofPlaceNotReduced[ ]的最多库所位置，初始值 SumOfPlaceNotReduced 为性质表达式中包含的库所数；PropertyCriticality 为输入性质的安全关键度。算法实现如图 5-3 所示。

```
    void ReducePetriNet( int Pos, int Sum,int PropertyCriticality)
     {//所有库所都处理完毕,则返回
            if( Pos == Sum)  return;
       else { unsigned int i,j,k,m,n,p;
            for( i = 0;i < WeightNumber;i + + )
{//获得库所号,遍历权数组,获得后继为该库所的权
if( ( WeightArray[ i]. destination. id == IDofPlaceNotReduced[ Pos] ) &&( Weight-
Array[ i]. destination. kind == 0) )
{//获得该权的前序变迁
   j = WeightArray[ i]. start. id;
   k = TransArray[ j]. pre. count; //获得变迁的前序个数
   for( m = 0;m < k;m + + )
{//遍历划分子系统中的库所记录数组
   for( n = 0;n < SumOfPlaceNotReduced;n + + )
{//在库所记录数组找到,则跳出
   if( IDofPlaceNotReduced[ n] == TransArray[ j]. pre. id[ m] )
   break;}
//在库所记录数组未找到,则加入数组且长度加 1
   if( n == SumOfPlaceNotReduced)
{ IDofPlaceNotReduced[ n] = TransArray[ j]. pre. id[ m];
   SumOfPlaceNotReduced ++ ;
//比较和定级
if( PlaceArray[ IDofPlaceNotReduced[ n] ]. Criticality > PropertyCriticality)
{ PlaceArray[ IDofPlaceNotReduced[ n] ]. Criticality = PropertyCriticality;
PlaceArray[ IDofPlaceNotReduced[ n] ]. SD = IDofPlaceNotReduced[ Pos]. SD + 1;
}
   }}}}
   //算法执行的开始位置加 1
   StartReducePos ++ ;
   //递归调用
ReducePetriNet( StartReducePos, SumOfPlaceNotReduced, PropertyCriticality) ; }}
```

图 5-3　递归自动划分和定级算法

设原始 Petri 网 P 中的库所数为 $n(P_0,P_1,\cdots,P_{n-1})$，$V_i$表示库所 i 的值域，U_i表示库所 i 的单位，则库所 i 的状态数为(V_i/U_i)；Petri 网系统 P 的状态空间为 $\prod_{i=0}^{n-1}(V_i/U_i)$ 。划分后的 Petri 网 P'库所数为 n'，变迁数为 m'，原始和划分的系统状态空间之比为

$$\prod_{i=0}^{n-n'}(V_i/U_i):1(i \in P \land i \notin P')$$

本书以图 5-4 所示的 Petri 网作为示例。因为划分和定级与库所的赋值以及运算无关，所以图中省去了这些内容。假设划分的示例性质为 C_1 和 C_2，C_1 包含库所 P_8，C_1 的关键度为 3，C_2 包含库所 P_9，C_2 的关键度为 2，下面通过程序变量的变化来演示递归划分和定级。

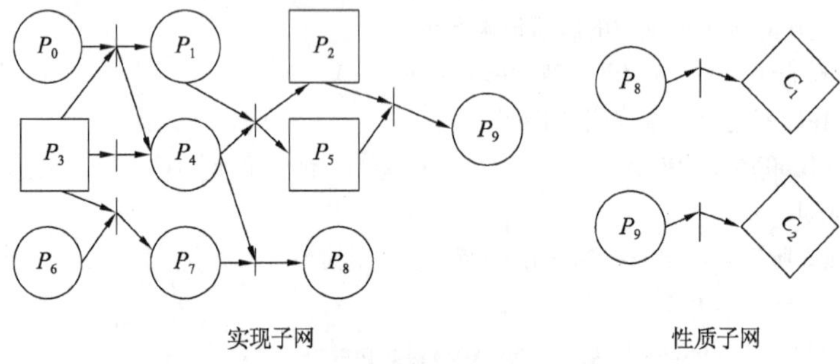

图 5-4　原始 Petri 网

图 5-5 给出了根据性质库所 C_1，在递归程序执行过程中 Pos，Sum 和 IDofPlaceNotReduced[ ]的变化情况。

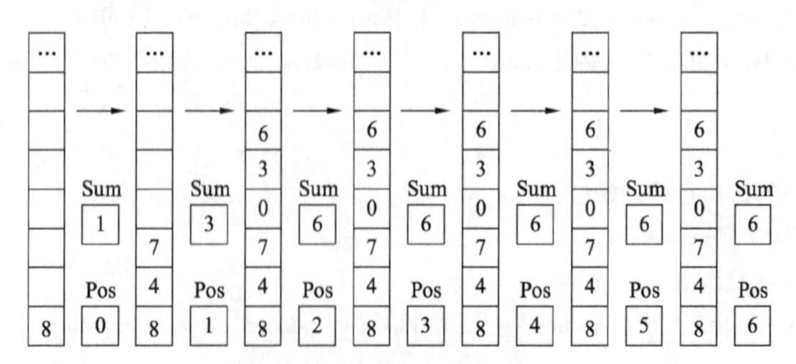

图 5-5　递归程序执行图—C_1

划分后的 Petri 子网—C_1 如图 5-6 所示。

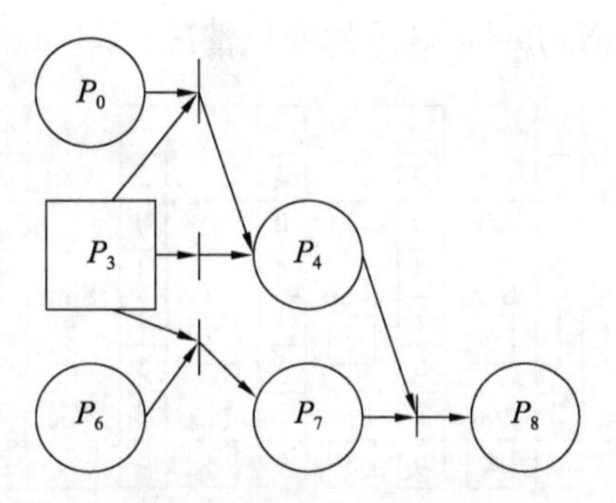

图 5-6　划分 Petri 网—C_1

根据上图的递归划分结果,可以对关联库所实现第一次安全性定级(见表 5-3)。

表 5-3　根据 C_1 的第一次安全性定级

性质 库所	库所	P_0	P_1	P_2	P_3	P_4	P_5	P_6	P_7	P_8	P_9
C_1	安全关键度/ 安全距离	3/3	—	—	3/3	3/2	—	3/3	3/2	3/1	—

图 5-6 划分 Petri 网—C_1 与图 5-4 中原始 Petri 网的比较如表 5-4 所示。

表 5-4　原始和划分 Petri 网—C_1 的比较

Petri 网	库所	变迁	权	状态空间
原始 Petri 网	10	7	19	$128 \times P_2 \times P_3 \times P_5$
划分 Petri 网—C_1	6	4	10	$32 \times P_3$

假定图 5-4 原始 Petri 网中数值型数组的值域范围皆为 K,值域单位皆为 1,则原始 Petri 网和划分 Petri 网—P_8 的状态空间之比为

$$(K^3 \times 2^7)/(K \times 2^5) = (4K^2:1)$$

可见划分 Petri 网—C_1 的复杂程度小于原始 Petri 网。

图 5-7 给出了根据性质库所 C_2，在递归程序执行过程中 Pos，Sum 和 IDofPlaceNotReduced[ ]的变化情况。

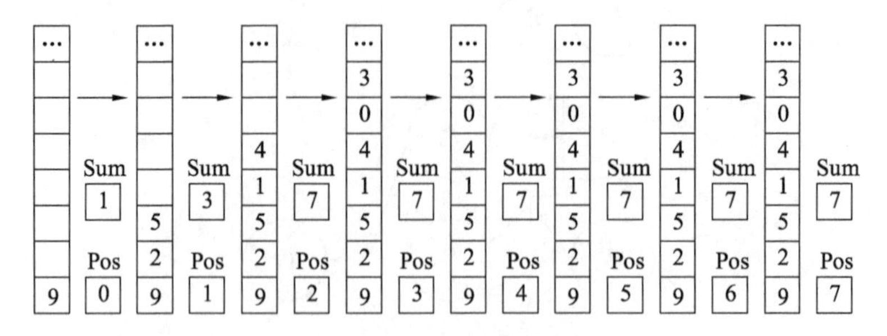

图 5-7 递归程序执行图—C_2

划分后的 Petri 子网如图 5-8 所示。

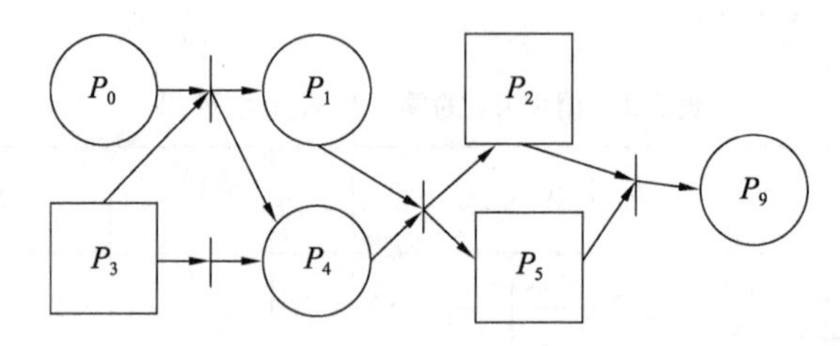

图 5-8 划分 Petri 网—C_2

根据上图的递归划分结果，可以对关联库所实现第二次安全性定级（见表 5-5）。

表 5-5 根据 C_2 的第二次安全性定级

性质库所	库所	P_0	P_1	P_2	P_3	P_4	P_5	P_6	P_7	P_8	P_9
$C_1(3)$	安全关键度/安全距离	3/3	—	—	3/3	3/2	-	3/3	3/2	3/1	—
$C_2(2)$	安全关键度/安全距离	2/4	2/3	2/2	2/4	2/3	2/2	3/3	3/2	3/1	2/1

由上表可知，在第二次安全性定级中，由于 P_0、P_3、P_4 同属于两个性质子网，所以在第二次划分的时候，库所安全关键度由 3 提

升为了2,安全距离也相应的变为了4,4,3。

图5-8划分Petri网—C_2与图5-4中原始Petri网的比较如表5-6所示。

表5-6 原始和划分Petri网—C_2的比较

Petri网	库所	变迁	权	状态空间
原始Petri网	10	7	19	$128 \times P_2 \times P_3 \times P_5$
划分Petri网—C_2	7	5	11	$16 \times P_2 \times P_3 \times P_5$

假定图5-4原始Petri网中数值型数组的值域范围皆为K,值域单位皆为1,则原始Petri网和划分Petri网—P_9的状态空间之比为

$$(K^3 \times 2^7)/(K^3 \times 2^4) = (2^3:1) = (8:1)$$

可见划分Petri网的复杂程度小于原始Petri网。

根据所有非性质库所的安全关键度和安全距离进行安全性排序,结果如表5-7所示。

表5-7 安全性排序结果

安全关键度	安全距离	库所
2	1	P_9
2	2	P_2、P_5
2	3	P_1、P_4
2	4	P_3
3	1	P_8
3	2	P_7
3	3	P_6

5.3 本章小结

本章根据前述章节对软件安全性需求工作过程的划分,给出

了软件和系统安全性子阶段、软件安全性策划子阶段和软件需求子阶段的验证需求及其形式化描述，为后续工具原型的静态验证函数定义提供支持，介绍了模型检验和时态逻辑，分析了模型检验工具——NuSMV 及其程序结构，给出了扩展 Petri 网 SEPN 和 NuSMV 程序结构之间的语义映射，设计并实现了从 SEPN 模型到 NuSMV 程序语言之间的代码自动生成算法，设计并实现了 SEPN 模型自动划分和定级的递归算法以提高软件安全性需求的验证效率和实现安全性分级排序，为后续工具原型的动态验证函数定义提供支持。

第6章　工具原型设计

本章在前述研究内容的基础上，简要介绍了软件安全性需求建模和验证工具原型的功能和设计，为后续的实验和实例提供建模和验证工具原型。

6.1　功能概述

本书基于前述研究内容设计并开发了软件安全性需求建模和验证工具原型。工具原型的主要功能包括以下几点。

（1）静态需求的自动化图形建模功能，包括：

➢ 静态模型节点和关联的自动化拖放建模
➢ 概念节点的增加和删除
➢ 概念节点的属性赋值、显示、修改和保存
➢ 关联的增加和删除
➢ 关联的属性赋值、显示、修改和保存
➢ 静态模型信息的保存和重绘

（2）静态需求模型验证功能，包括：

➢ 静态需求模型中节点和关联的属性值的基本检查
➢ 静态模型的安全性需求验证

➢ 静态验证的结果信息显示，包括验证的节点数目、关系数目、验证耗时、验证的错误结果信息输出、修改建议、通过/未通过验证的节点的区别显示

（3）动态需求的自动化图形建模功能，包括：

- 扩展 Petri 网库所节点和变迁的自动化拖放建模
- 扩展 Petri 网库所节点的增加和删除
- 扩展 Petri 网库所节点的属性赋值、显示、修改和保存
- 扩展 Petri 网跃迁的增加和删除
- 扩展 Petri 网模型信息的保存和重绘

(4) 动态需求模型的自动化验证功能,包括:

- 扩展 Petri 网的自动化模型运行
- 扩展 Petri 网的自动化划分和定级
- 扩展 Petri 网的自动化验证代码生成
- 动态验证信息的实时显示,包括验证的库所数目、变迁数目、验证耗时、库所动态运行的实时信息输出、通过/未通过验证的库所的区别显示

6.2 设计概述

6.2.1 系统设计

系统设计图如图 6-1 所示。

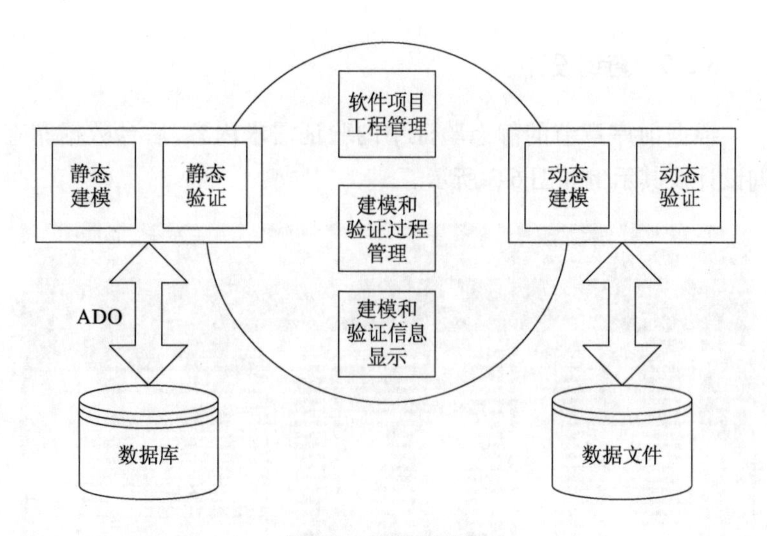

图 6-1　系统设计图

6.2.2　表设计

根据前序章节的静态模型中的概念和关联，后台数据库基本表和关系表的设计结果如图 6-2 所示。

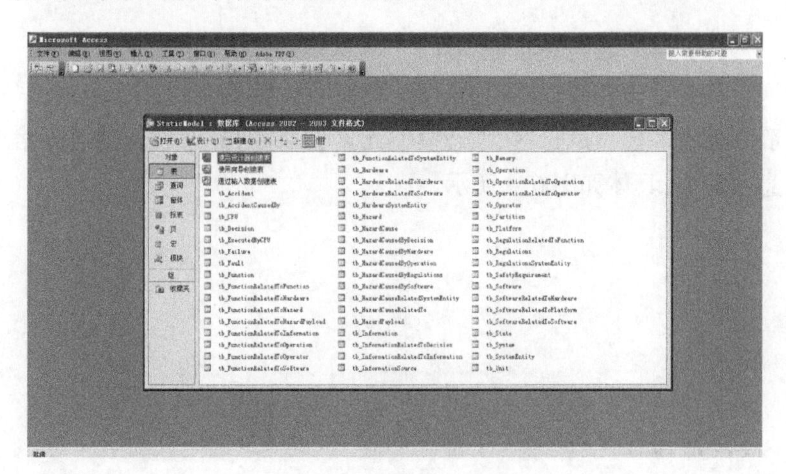

图 6-2　数据库表设计结果

6.2.3 查询设计

根据前序章节的静态验证中的验证需求内容,后台数据库查询设计及其示例如图 6-3 所示。

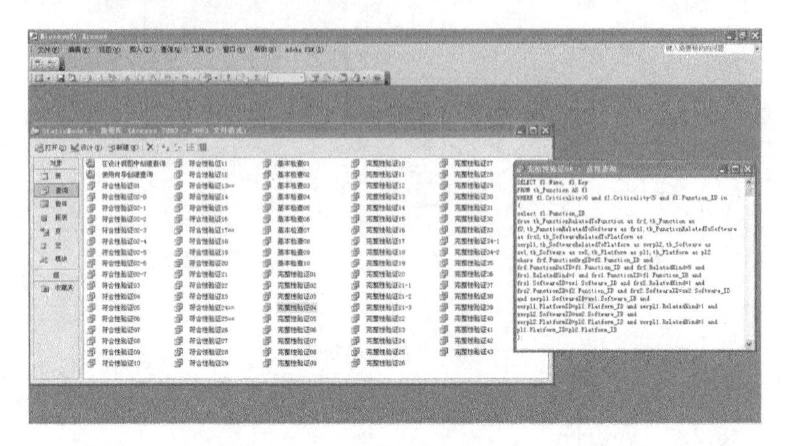

图 6-3 数据库查询设计结果

6.2.4 界面设计

(1) 静态建模和验证界面。

静态建模和验证界面由工程管理区、软件安全性工作过程区、静态建模和模型运行区、静态模型元素选取区、静态验证的运行信息区组成,具体如图 6-4 所示。

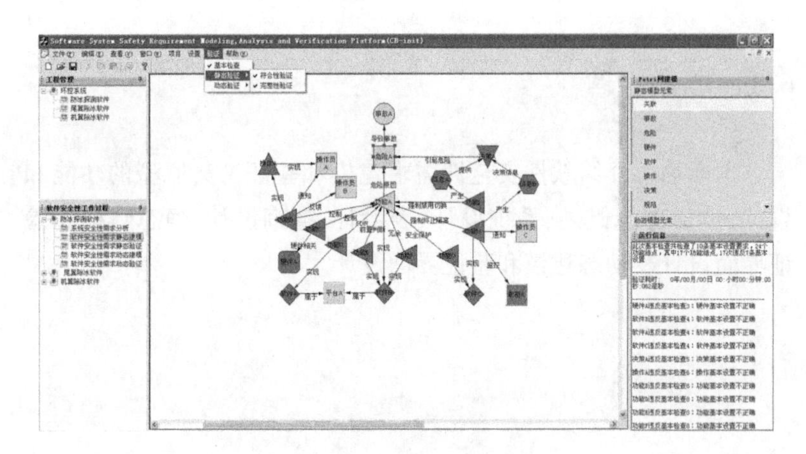

图 6-4　静态建模和验证界面

（2）动态建模和验证界面。

动态建模和验证界面由工程管理区、软件安全性工作过程区、动态建模和模型运行区、动态模型元素选取区、动态验证的运行信息显示区组成，具体如图 6-5 所示。

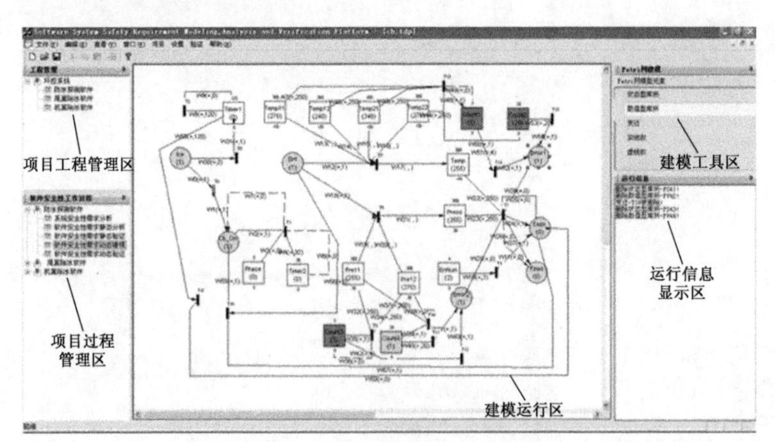

图 6-5　动态建模和验证界面

6.3 本章小结

本章简要介绍软件安全性需求建模和验证工具原型的功能和设计,包括功能概述、系统设计、表设计、查询设计、静态建模和验证界面设计及动态建模和验证界面设计。

第 7 章 实验和实例

本章设计了 3 个软件作为静态验证对象，选取了 4 个在学历和接触软件安全性工作时间上具有不同背景的实验人员分为形式化工具组和人工分析组进行安全性分析验证，记录实验数据并进行对比分析，选取典型的机载安全关键软件，利用工具原型实施系统的软件安全性需求建模和验证，给出了相应的过程和结果。

7.1 实验

7.1.1 实验概述

实验模拟了 3 个复杂程度递增的软件安全性功能作为需求静态分析和验证的对象，记录分析和验证的过程和时间、发现问题的数目，修改确认和回归问题的次数和时间。实验软件的需求详见附录 A。实验选取 4 名安全性人员，分为两组：A 组人员使用工具原型进行形式化建模和验证，B 组人员采用人工分析和验证。实验记录两组共 4 名安全性人员的 3 次分析验证产生的数据并进行对比分析。

7.1.2 实验步骤

依次对 3 个实验软件按如下步骤进行实验，并收集实验数据：

（1）A 组和 B 组同时开始对实验软件进行分析和验证；

（2）记录 A 组和 B 组的实验数据；

(3) 检查提交的验证结果,若存在未发现的问题或者修改错误的问题,则继续对实验软件进行再次的分析和验证,直到发现和正确修改所有的问题。

7.1.3 实验目的

实验目的是通过收集两组共 4 名实验人员的实验数据,以对使用本书中的工具原型和使用人工分析方法在以下方面做出比较。

(1) 验证时间:两组人员发现所有问题所需的时间。

(2) 验证次数:两组人员发现所有问题所需的累计次数。

(3) 验证效率:两组人员发现问题的效率。

7.1.4 实验人员

实验人员共 4 名,分为 A 组和 B 组,A 组使用工具原型,B 组使用人工分析。A 组和 B 组人员的基本情况对比如表 7-1 所示,其中工具熟悉程度分为高、较高、一般、不熟悉四种。

表 7-1 实验人员的基本情况表

人员编号	受教育程度	接触安全性工作时间	工具熟悉程度
A1	博士五年级	两年	高
A2	硕士一年级	三个月	一般
B1	博士三年级	两年	—
B2	硕士三年级	一年半	—

7.1.5 实验数据

7.1.5.1 实验 1

实验 1 包含 8 个模型结点,8 个模型结点间关系,具体信息如图 7-1 所示。

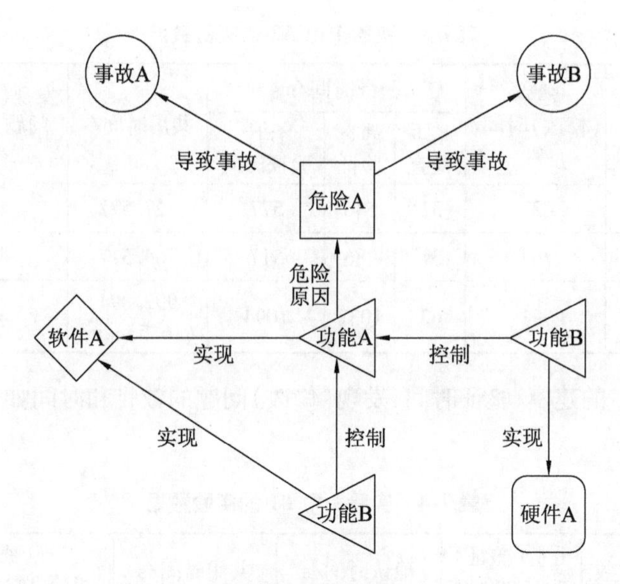

图 7-1　实验 1 模型

A1 的建模、验证时间、发现(修改)问题的数目和时间如表 7-2 所示。

表 7-2　实验 1 中 A1 的实验数据

所用次数	建模(修改)时间/s	验证时间/ms			共用时间/s	发现(修改)问题数目/个
		基本检查	静态验证	合计验证时间		
1	102	31	547	578	102. 578	40
2	326	31	484	515	326. 515	40
合计	428	62	1031	1093	429. 0093 (7. 15min)	40

A2 的建模、验证时间、发现(修改)问题的数目和时间如表 7-3 所示。

表 7-3　实验 1 中 A2 的实验数据

所用次数	建模(修改)时间/s	验证时间/ms			共用时间/s	发现(修改)问题数目/个
		基本检查	静态验证	合计验证时间		
1	227	31	546	577	227.577	40
2	764	31	486	517	764.517	40
合计	991	62	1032	1094	992.094 (16.53min)	40

B1 的建模、验证时间、发现(修改)问题的数目和时间如表 7-4 所示。

表 7-4　实验 1 中 B1 的实验数据

所用次数	分析(验证)时间/s	确认时间/s	共用时间/s	发现(修改)问题数目/个
1	693	167	860	9
2	405	165	570	16
3	469	107	576	15
合计	1567	439	2006 (33.43min)	40

B2 的建模、验证时间、发现(修改)问题的数目和时间如表 7-5 所示。

表 7-5　实验 1 中 B2 的实验数据

所用次数	分析(验证)时间/s	确认时间/s	共用时间/s	发现(修改)问题数目/个
1	411	107	518	6
2	873	228	1101	15
3	351	104	455	14
4	176	56	232	-2

续表

所用次数	分析(验证)时间/s	确认时间/s	共用时间/s	发现(修改)问题数目/个
5	206	173	379	7
合计	2017	668	2685 (44.75min)	40

7.1.5.2　实验 2

实验 2 包含 17 个模型结点,23 个模型结点间关系,具体信息如图 7-2 所示。

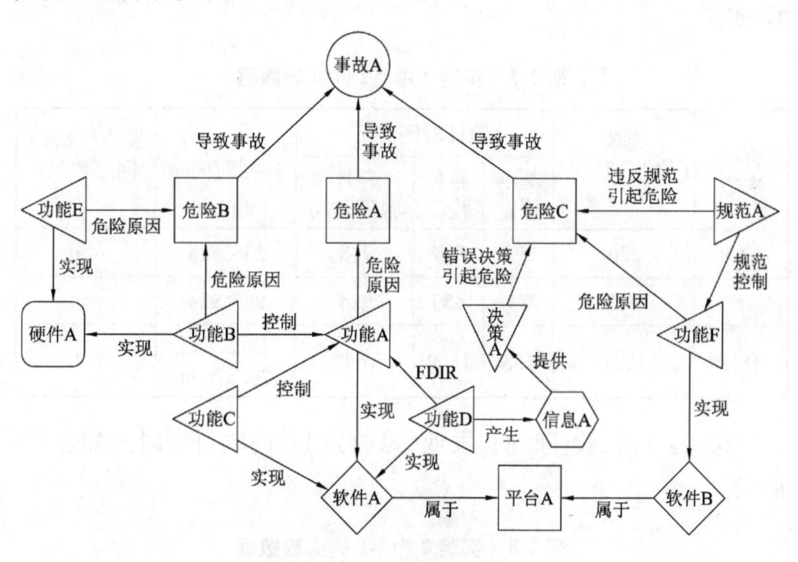

图 7-2　实验 2 模型

A1 的建模、验证时间、发现(修改)问题的数目和时间如表 7-6 所示。

表 7-6　实验 2 中 A1 的实验数据

所用次数	建模（修改）时间/s	验证时间/ms			共用时间/s	发现（修改）问题数目/个
		基本检查	静态验证	合计验证时间		
1	194	58	657	715	194.715	49
2	569	73	848	921	569.921	49
合计	763	131	1505	1636	764.636（12.74min）	49

A2 的建模、验证时间和发现（修改）问题的数目和时间如表7-7所示。

表 7-7　实验 2 中 A2 的实验数据

所用次数	建模（修改）时间/s	验证时间/ms			共用时间/s	发现（修改）问题数目/个
		基本检查	静态验证	合计验证时间		
1	236	59	659	718	236.718	49
2	985	74	850	924	985.924	49
合计	1221	133	1509	1642	1222.642（20.37min）	49

B1 的分析、验证时间、发现（修改）问题的数目和时间如表7-8所示。

表 7-8　实验 2 中 B1 的实验数据

所用次数	分析（验证）时间/s	确认时间/s	共用时间/s	发现（修改）问题数目/个
1	977	236	1213	11
2	221	55	276	4
3	1367	267	1634	20
4	996	164	1160	14

续表

所用次数	分析(验证)时间/s	确认时间/s	共用时间/s	发现(修改)问题数目/个
合计	3561	722	4283 (71.38min)	49

B2 的分析、验证时间、发现(修改)问题的数目和时间如表 7-9 所示。

表 7-9　实验 2 中 B2 的实验数据

所用次数	分析(验证)时间/s	确认时间/s	共用时间/s	发现(修改)问题数目/个
1	1392	254	1646	10
2	1785	413	2198	15
3	1707	420	2127	14
4	659	245	904	9(−2)
5	542	228	770	7
合计	6085	1560	7645 (127.42min)	55

7.1.5.3　实验 3

实验 3 包含 61 个模型结点,72 个模型结点间关系,具体信息如图 7-3 所示。

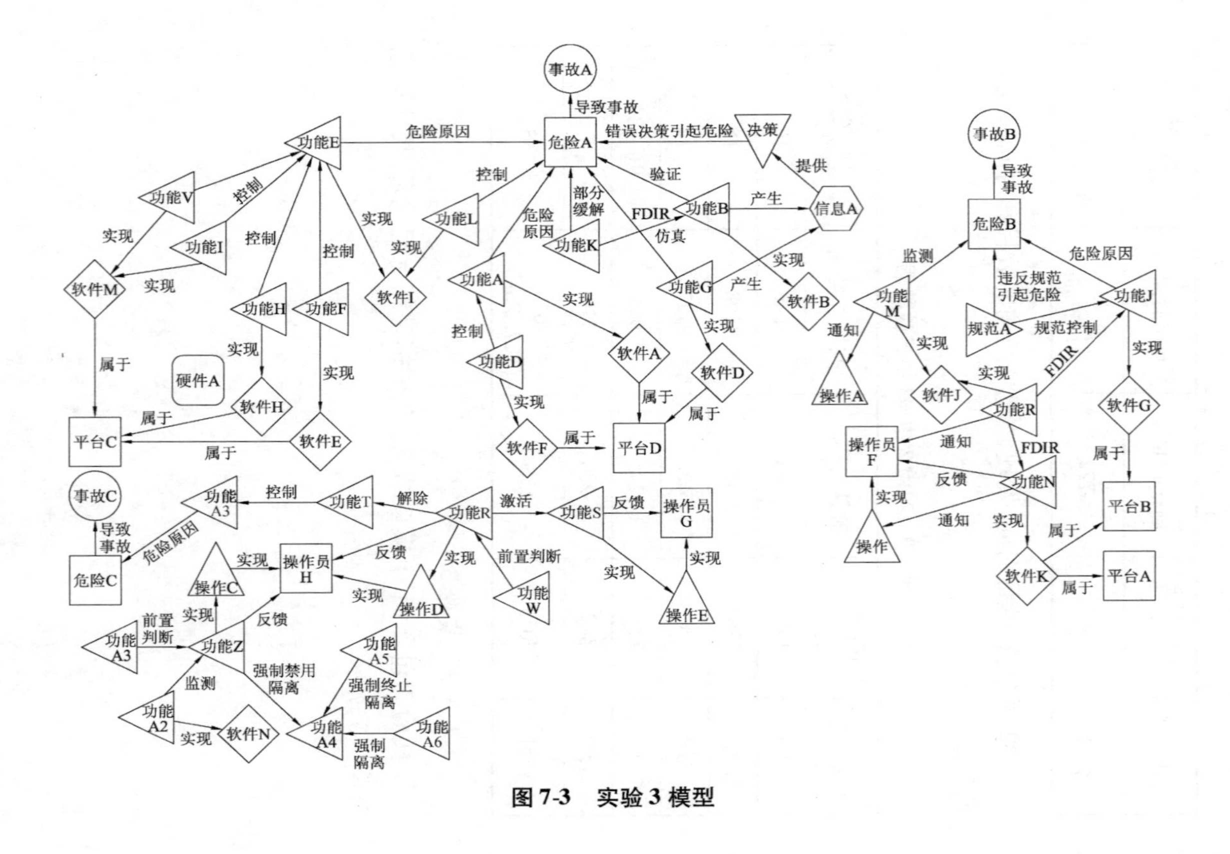
事故A
导致事故
危险A
错误决策引起危险
决策
提供
信息A
功能E
危险原因
功能V
控制
实现
功能I
软件M
功能H
功能F
软件I
功能L
危险原因
部分缓解
功能K
FDIR
功能B
验证
产生
仿真
功能G
软件B
功能A
软件A
功能D
软件F
属于
平台D
软件D
硬件A
软件H
软件E
平台C
事故C
导致事故
危险C
功能A3
功能T
解除
功能R
激活
功能S
反馈
操作员G
操作E
前置判断
功能W
操作D
操作员H
操作C
功能Z
强制禁用隔离
监测
功能A2
软件N
功能A4
功能A5
强制终止隔离
功能A6
强制隔离
事故B
危险B
功能M
违反规范引起危险
规范A
规范控制
功能J
通知
操作A
软件J
软件G
操作员F
功能N
平台B
操作
软件K
平台A

图 7-3 实验 3 模型

A1的建模、验证时间、发现(修改)问题的数目和时间如表7-10所示。

表7-10 实验3中A1的实验数据

所用次数	建模(修改)时间/s	验证时间/ms			共用时间/s	发现(修改)问题数目/个
		基本检查	静态验证	合计验证时间		
1	524	16	469	485	524.485	163
2	2420	31	344	375	2420.375	163
合计	2944	47	813	860	2944.860(49.08min)	163

A2的建模、验证时间、发现(修改)问题的数目和时间如表7-11所示。

表7-11 实验3中A2的实验数据

所用次数	建模(修改)时间/s	验证时间/ms			共用时间/s	发现(修改)问题数目/个
		基本检查	静态验证	合计验证时间		
1	475	16	470	486	475.486	163
2	4783	31	342	373	4783.373	163
合计	5258	47	812	859	5258.859(87.65min)	163

B1的分析、验证时间和发现(修改)问题的数目和时间如表7-12所示。

表7-12 实验3中B1的实验数据

所用次数	分析(验证)时间/s	确认时间/s	共用时间/s	发现(修改)问题数目/个
1	5822	484	6306	40
2	3563	425	3988	32(−4)
3	3276	387	3663	25

续表

所用次数	分析(验证)时间/s	确认时间/s	共用时间/s	发现(修改)问题数目/个
4	2964	412	3376	30
5	3312	441	3753	34(-2)
6	2643	254	2897	10
合计	21580	2403	23983 (399.72min)	171

B2 的分析、验证时间、发现(修改)问题的数目和时间如表7-13所示。

表 7-13　实验 3 中 B2 的实验数据

所用次数	分析(验证)时间/s	确认时间/s	共用时间/s	发现(修改)问题数目/个
1	7643	435	8078	32
2	4762	384	5146	23(-7)
3	5267	382	5649	27
4	5964	435	6399	30(-3)
5	4312	448	4760	18(-4)
6	3919	374	4293	16
7	3258	314	3572	13(-2)
8	2989	286	3275	11
9	2919	263	3182	9
合计	41033	3321	44354 (739.23min)	179

7.1.6　实验结果

根据 4 位安全性分析和验证人员对 3 个实验软件实施安全性需求验证产生的数据，从验证时间、验证次数和验证效率 3 个方面对两个实验小组进行对比和分析。

7.1.6.1　验证时间

问题个数和验证时间的关系如图7-4所示。

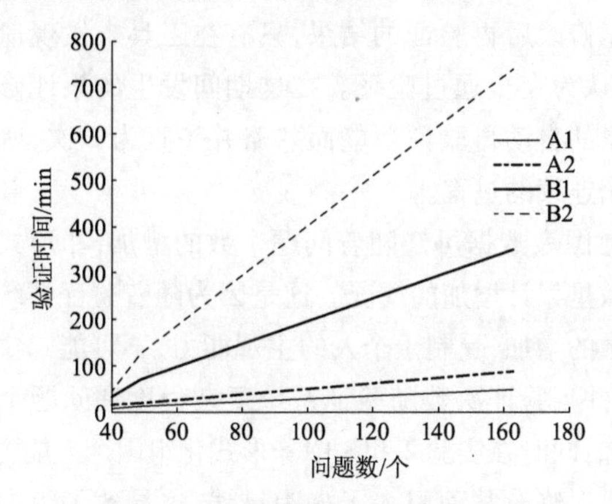

图7-4　问题个数和验证时间曲线

分析1　从上述图中数据可知随着问题个数的增加,人工分析需要的时间都是越来越多;同时随着问题个数的增加,形式化验证和非形式化验证人员需要的时间之差越来越大。

7.1.6.2　验证次数

问题个数和验证次数的关系如图7-5所示。

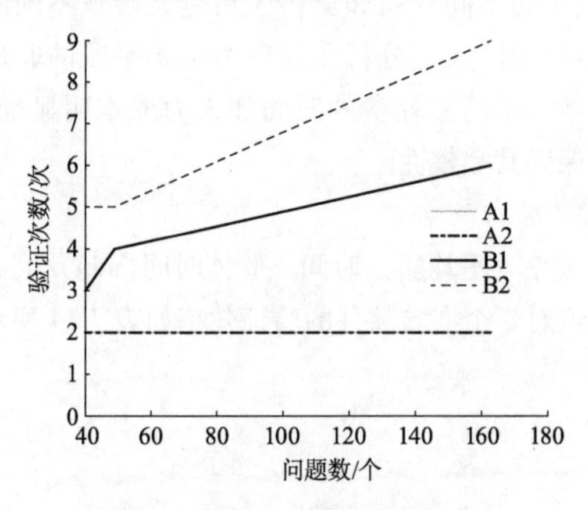

图7-5　问题个数和验证次数曲线

分析 2 从上述图表数据可知随着问题个数的增加,形式化验证组内 A1 和 A2 所需的次数一致为 2 次。这是因为形式化工具的验证给出了修改后再验证的结果,只有在工具未发现遗留问题的条件下,才认为完全通过验证。在这期间发生的累计修改又因为形式化工具的自动再验证功能而忽略并一直为 2 次,所以形式化验证是一个连续的过程。

从上述图表数据可知随着问题个数的增加,非形式化验证组所需的次数呈累计增加的情况。这是因为随着验证系统复杂程度和问题个数的增加,受制于个人的主观能力,不可能一次性发现所有的问题,并且验证次数随验证系统复杂程度和问题个数的增加而累计增加;同时在实验 2 和 3 中非形式化组因个人能力的差异出现了一些错误修改从而引入了人为错误,这导致了组内 B1 和 B2 的验证次数因个人能力呈现出不同的结果,且引入的人为错误修改产生了不必要的额外工作量。

在实验过程中,重复的修改结果得到了形式化小组及时的配合验证,但是在实际工作中,主观的评审工作并不能保证回归验证的绝对正确性和完整性,多个轮次的修改需要经过多方面的组织协调,参与其中的不同专家和分析人员也会导致不同的分析验证结果,这必将导致以人工分析和评审为主要手段的非形式化验证方法在实际项目中需要耗费的时间和人力成本明显增加,同时验证结果很难保证其完整性。

7.1.6.3 验证效率

验证效率 = 平均验证时间 = 验证时间(min)/问题数

两个小组对 3 个实验软件的验证效率如表 7-14 所示。

表 7-14　问题个数和平均验证时间的实验数据

实验编号 人员编号	实验 1	实验 2	实验 3
A1	0. 18	0. 26	0. 30
A2	0. 41	0. 42	0. 54
B1	0. 84	1. 46	2. 15
B2	1. 12	2. 60	4. 54

验证单个问题所需的平均时间的相关数据收集如图 7-6 所示。

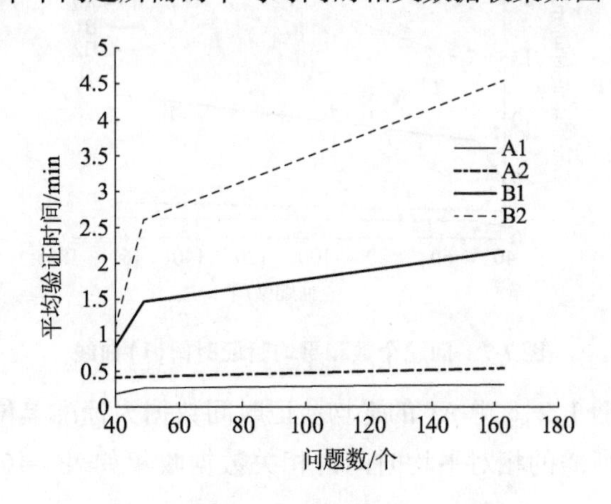

图 7-6　问题个数和平均验证时间曲线

以实验 1 中 A1 的平均验证时间数据为标准单位,则验证单个问题所需的相对平均时间的相关数据收集如表 7-15 和图 7-7 所示。

表 7-15　问题个数和相对验证时间(1)的实验数据

实验编号 人员编号	实验 1	实验 2	实验 3
A1	1	1. 44	1. 67
A2	2. 28	2. 33	3

续表

人员编号 \ 实验编号	实验 1	实验 2	实验 3
B1	4.67	8.11	11.94
B2	6.22	14.44	25.22

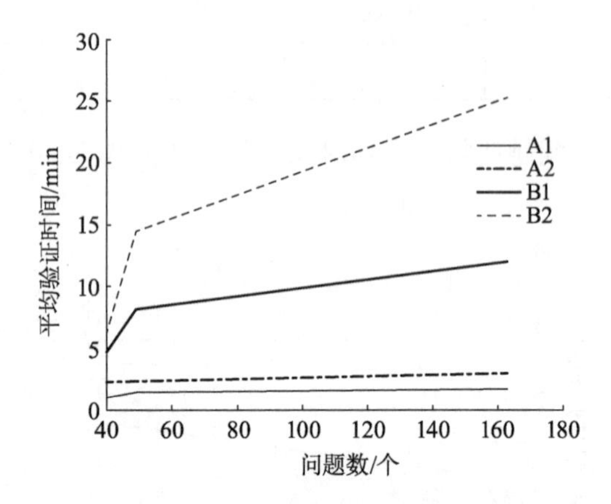

图 7-7　问题个数和平均验证时间(1)曲线

以实验 1,2,3 中 A1 的平均验证时间数据为标准单位,则验证单个问题所需的相对平均时间的相关数据收集如表 7-16 和图 7-8 所示。

表 7-16　问题个数和平均验证时间(2)的实验数据

人员编号 \ 实验编号	实验 1	实验 2	实验 3
A1	1	1	1
A2	2.28	1.62	1.80
B1	4.67	5.63	7.15
B2	6.22	10.03	15.10

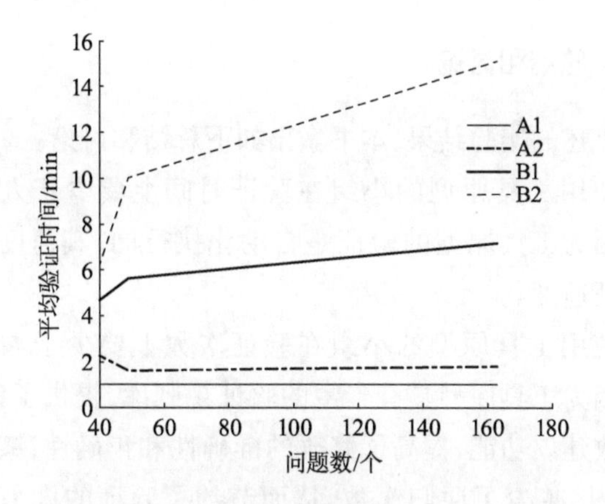

图 7-8 问题个数和平均验证时间(2)曲线

分析 3 从上述图表数据可知随着问题个数的增加,形式化验证组内 A1 和 A2 所需的平均和相对平均验证时间曲线呈现缓缓向上的趋势。这是因为形式化工具所增加的验证时间随着问题数的增长成毫秒级单位增长。形式化工具每次都可以给出准确的验证结果,包括存在问题的描述、违反需求的描述等信息,能够快速准确地定位问题,同时帮助和指导分析人员进行验证和修改确认,所以对于单个问题的平均验证时间并不会发生显著变化。

从上述图表数据可知随着问题个数的增加,非形式化验证小组所需的平均和相对验证时间曲线呈现直线向上的趋势。这是因为随着问题数和系统复杂程度的提高,受制于个人的主观能力,人工处理问题的效率会急剧下降,同时付出的时间和人力成本将急剧增加。

同时,在 A2 的相对平均验证时间(2)数据中,实验 2 的数据要好于实验 1 的数据。这是因为在进行实验 2 时 A2 通过实验 1 中形式化工具的使用,提高了对工具的熟悉程度,所以在实验 2 中的相对平均验证时间反而下降了。这也说明了随着对形式化方法和工具熟悉程度的提高,验证的效率将会得到相应的提高。

7.1.7 总结和讨论

根据上述的实验结果,本书做出如下总结和讨论:

(1) 使用工具原型的小组在验证时间上要少于人工分析小组。这是因为工具原型的验证是自动化执行的,其速度远远大于人工的验证速度。

(2) 使用工具原型的小组在验证次数上要少于人工分析小组。这是因为工具原型具有丰富的验证规则库,提供了错误定位、描述和修改建议功能,提高了修改的准确性和正确性,减少了人为的引入错误,减少了回归次数,从而节约了验证的人力和时间的成本。

(3) 使用工具原型的小组在验证效率上要高于人工分析小组。这是因为工具原型的后台存储了丰富的验证规则,可以自动化地稳定输出安全性分析的结果,从而可以比人工分析又快又好地进行安全性分析验证。同时,可以通过将新的验证规则加入到工具原型中来完善其规则库,增强其发现问题的能力。

(4) 工具原型具有较好的操作性。这是因为在实验过程中,对工具原型熟悉程度为一般的 A2 通过在实验过程中对工具原型的使用,验证效率出现了提升。

7.2 实例

7.2.1 系统概述

飞机除冰系统在探测到飞机部件处于结冰状态时,采用引气、电磁、机械等手段对结冰部件进行除冰。飞机在进入结冰区时必须及时启动除冰系统。除冰系统软件具有典型的安全性需求,很多灾难性事故与除冰系统失效直接相关。

本书以某除冰系统为实例进行建模和验证。该系统通过除冰开关和软件对引气活门加断电来控制其开关。当出现结冰告警时,飞行员按下除冰开关,启动软件,除冰活门加电打开,除冰系统工作。结冰信号消失 2 min 后,飞行员按出除冰开关,除冰活门断电关闭,除冰系统停止工作。结冰信号消失 2 min 后,软件可自动关闭除冰活门。除冰系统仅允许在飞行状态下工作,在地面检测 30 秒后会自动关闭除冰系统。

7.2.2 形式化建模

7.2.2.1 静态建模

初始的除冰软件系统需求静态模型包含 14 个模型结点、20 个模型结点间关系,具体的建模结果和模型信息如图 7-9 所示。

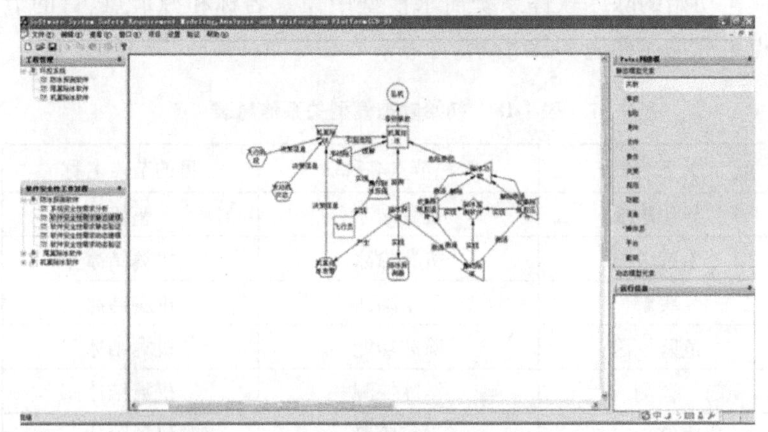

图 7-9 初始除冰软件系统需求静态模型

初始的除冰软件系统需求模型中模型节点名称和模型节点类型描述如表 7-17 所示。

表 7-17　初始静态模型节点信息表

模型节点名称	模型节点类型	模型节点名称	模型节点类型
坠机	事故	操作除冰按钮	操作
机翼结冰	危险	飞行员	操作员
飞行阶段	信息	手动除冰	功能
发动机状态	信息	结冰探测	功能
机翼结冰告警	信息	除冰功能	功能
结冰探测器	硬件	收集除冰腔温度	功能
除冰检测软件	软件	收集除冰腔压力	功能
机翼除冰	决策	自动除冰	功能

初始的除冰软件系统需求模型中关系名称和源节点、目的节点名称描述如表 7-18 所示。

表 7-18　初始静态模型关系信息表

关系名称	源节点名称	目的节点名称
导致事故	机翼结冰	坠机
引起危险	机翼除冰	机翼结冰
缓解	手动除冰	机翼结冰
危险原因	除冰功能	机翼结冰
监测	结冰探测	机翼结冰
决策信息	飞行阶段	机翼除冰
决策信息	发动机状态	机翼除冰
决策信息	机翼结冰告警	机翼除冰
实现	手动除冰	操作除冰按钮
实现	操作除冰按钮	飞行员
产生	结冰探测	机翼结冰告警
实现	结冰探测	结冰探测器

续表

关系名称	源节点名称	目的节点名称
激活	收集除冰腔温度	除冰功能
解除	收集除冰腔温度	除冰功能
激活	收集除冰腔压力	除冰功能
解除	收集除冰腔压力	除冰功能
实现	收集除冰腔温度	除冰监测软件
实现	收集除冰腔压力	除冰监测软件
激活	自动除冰	收集除冰腔温度
激活	自动除冰	收集除冰腔压力
实现	自动除冰	除冰监测软件
激活	结冰探测	自动除冰

7.2.2.2 动态建模

除冰系统软件初始的需求动态模型中包含17个库所、8个变迁、33个权,具体的建模结果和模型信息如图7-10所示。

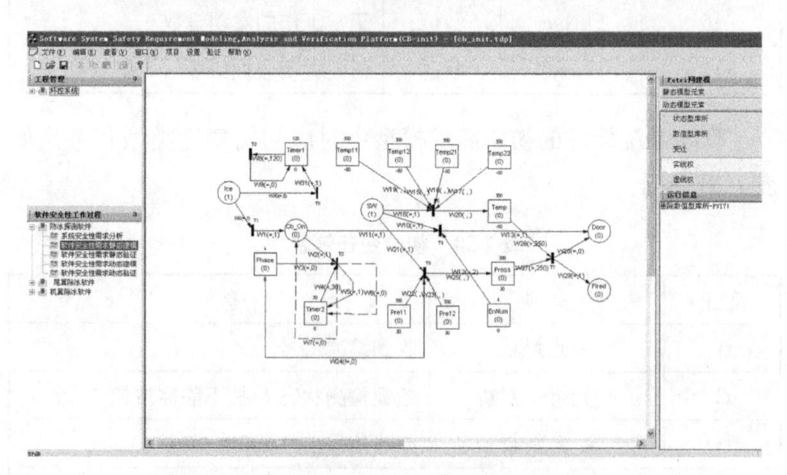

图7-10 初始除冰软件系统需求动态模型

除冰系统软件的初始需求的动态功能模型中对应的初始库所类型和意义如表7-19所示。

表7-19　初始动态模型库所信息表

编号	库所	类型	意义
1	Ice	状态	结冰信号
2	Cb_On	状态	除冰按钮按下(1)或抬起(0)
3	SW	状态	软件工作状态
4	Door	状态	引气活门打开(1)或关闭(0)
5	Timer1	数值	除冰信号消失时间定时器
6-9	Tempxx	数值	温度传感器采样数据
10-11	Pressxx	数值	压力传感器采样数据
12	Temp	数值	温度数据综合值
13	Press	数据	压力数据综合值
14	Phase	数值	飞行阶段
15	Timer2	数值	地面测试时间
16	EnNum	数值	正常工作的发动机数
17	Fired	状态	活门关闭监控信号

除冰系统软件的初始需求模型中对应初始变迁类型和意义如表7-20所示。

表7-20　初始变迁信息表

变迁	类型	意义
t1	一元判断	收到结冰信号
t2	一元组合判断	地面检测状态 & 按下除冰按钮
t3	一元判断	除冰信号消失 120 s
t4	无前置判断	自动打开活门条件

续表

变迁	类型	意义
t5	无前置判断	收集压力传感器采样数据
t6	无前置判断	收集温度传感器采样数据
t7	一元组合判断	是否关闭活门
t8	一元判断	除冰信号是否消失

7.2.3 形式化验证

利用工具原型对除冰系统进行静态和动态验证,过程和结果如下。

7.2.3.1 静态验证

除冰系统软件初始需求模型的静态验证结果如图 7-11 所示。

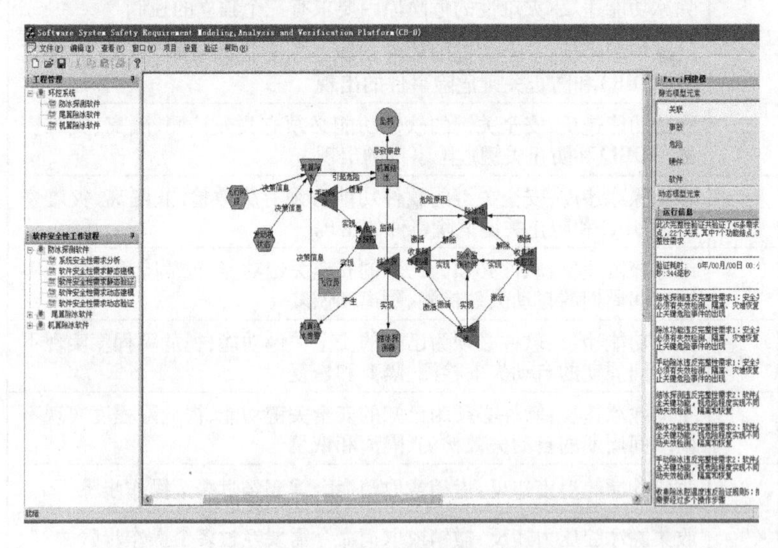

图 7-11　初始需求静态验证结果

除冰系统软件的静态建模、验证时间和发现(修改)问题的数目如表 7-21 所示。

表 7-21 静态验证的数据记录表

所用次数	建模(修改)时间/s	验证时间/ms			共用时间/s	发现(修改)问题数目/个
		基本检查	静态验证	合计验证时间		
1	127	94	546	640	127.640	40
2	353	63	531	594	353.594	40
合计	480	157	1077	1234	481.234 (8.02min)	40

除冰系统软件的静态验证发现的典型问题及其描述如表 7-22 所示。

表 7-22 静态验证的问题列表

序号	问题描述
1	除冰功能违反:灾难性的危险原因要求有三个独立的控制
2	结冰探测违反:安全关键的软件功能必须有失效检测、隔离、灾难恢复(FDIR)和防止关键危险事件的出现
3	除冰功能违反:安全关键的软件功能必须有失效检测、隔离、灾难恢复(FDIR)和防止关键危险事件的出现
4	手动除冰违反:安全关键的软件功能必须有失效检测、隔离、灾难恢复(FDIR)和防止关键危险事件的出现
5	结冰探测违反:软件必须为已知的安全关键功能,视危险程度实现不同时间周期的自动失效检测、隔离和恢复
6	除冰功能违反:软件必须为已知的安全关键功能,视危险程度实现不同时间周期的自动失效检测、隔离和恢复
7	手动除冰违反:软件必须为已知的安全关键功能,视危险程度实现不同时间周期的自动失效检测、隔离和恢复
8	收集除冰腔温度违反:撤销或取消命令需要经过多个操作步骤
9	收集除冰腔压力违反:撤销或取消命令需要经过多个操作步骤
10	手动除冰违反:执行危险命令的软件必须通知发起者、地面操作员、被授权的控制执行者或者提供执行失败的原因

续表

序号	问题描述
11	操作除冰按钮违反:执行危险命令的软件必须通知发起者、地面操作员、被授权的控制执行者或者提供执行失败的原因
12	手动除冰违反:在安全执行被认为是危险命令之前,必须满足执行的先决条件
13	操作除冰按钮违反:在安全执行被认为是危险命令之前,必须满足执行的先决条件
14	手动除冰违反:如果先决条件未被满足,软件必须拒绝执行命令同时向机务、地面操作员、被授权的执行控制者告警
15	操作除冰按钮违反:如果先决条件未被满足,软件必须拒绝执行命令同时向机务、地面操作员、被授权的执行控制者告警
16	结冰探测违反:软件应提供错误处理,以支持安全性关键的功能
17	除冰功能违反:软件应提供错误处理,以支持安全性关键的功能
18	手动除冰违反:软件应提供错误处理,以支持安全性关键的功能
19	手动除冰违反:软件应向机组人员、地面操作人员或者控制执行主管提供警告和报警状态
20	操作除冰按钮违反:软件应向机组人员、地面操作人员或者控制执行主管提供警告和报警状态
21	手动除冰违反:软件应向机组人员、地面操作人员或者控制执行主管提供警告和报警状态
22	操作除冰按钮违反:软件应向机组人员、地面操作人员或者控制执行主管提供警告和报警状态
23	结冰探测违反:软件应为机组人员或者地面操作人员提供手段,以便强制执行自动安全保护、故障隔离或切换功能
24	自动除冰违反:软件应为机组人员或者地面操作人员提供手段,以便强制执行自动安全保护、故障隔离或切换功能
25	收集除冰腔温度违反:软件应为机组人员或者地面操作人员提供手段,以便强制执行自动安全保护、故障隔离或切换功能
26	收集除冰腔压力违反:软件应为机组人员或者地面操作人员提供手段,以便强制执行自动安全保护、故障隔离或切换功能
27	除冰功能违反:软件应为机组人员或者地面操作人员提供手段,以便强制执行自动安全保护、故障隔离或切换功能

续表

序号	问题描述
28	结冰探测违反:软件应为机组人员或者地面操作人员提供手段,以便强制终止自动安全保护、故障隔离或切换功能
29	自动除冰违反:软件应为机组人员或者地面操作人员提供手段,以便强制终止自动安全保护、故障隔离或切换功能
30	收集除冰腔温度违反:软件应为机组人员或者地面操作人员提供手段,以便强制终止自动安全保护、故障隔离或切换功能
31	收集除冰腔压力违反:软件应为机组人员或者地面操作人员提供手段,以便强制终止自动安全保护、故障隔离或切换功能
32	除冰功能违反:软件应为机组人员或者地面操作人员提供手段,以便强制终止自动安全保护、故障隔离或切换功能
33	结冰探测违反:软件应为机组人员或者地面操作人员提供手段,以便返回到任何自动安全保护、故障隔离或切换功能的先前模式或者配置
34	除冰功能违反:软件应为机组人员或者地面操作人员提供手段,以便返回到任何自动安全保护、故障隔离或切换功能的先前模式或者配置
35	手动除冰违反:软件应为机组人员或者地面操作人员提供手段,以便返回到任何自动安全保护、故障隔离或切换功能的先前模式或者配置
36	结冰探测违反:软件应为机组人员或者地面操作人员提供手段,以强行禁用自动安全保护、故障隔离或切换功能
37	自动除冰违反:软件应为机组人员或者地面操作人员提供手段,以强行禁用自动安全保护、故障隔离或切换功能
38	收集除冰腔温度违反:软件应为机组人员或者地面操作人员提供手段,以强行禁用自动安全保护、故障隔离或切换功能
39	收集除冰腔压力违反:软件应为机组人员或者地面操作人员提供手段,以强行禁用自动安全保护、故障隔离或切换功能
40	除冰功能违反:软件应为机组人员或者地面操作人员提供手段,以强行禁用自动安全保护、故障隔离或切换功能

根据工具原型的静态验证结果和问题描述共增加了18个模型节点、40个模型节点间关系,具体增加的节点和关系信息如表7-23所示。完善后的模型节点和关系描述见7.2.3.3中的静态修改确认图。

表7-23 静态模型增加的模型信息表

模型节点名称	模型节点类型	模型节点名称	模型节点类型
机翼结冰情况	信息	FSIS确认2	操作
开启判断	功能	FSIS确认3	操作
开启除冰	功能	强制执行FSIS	功能
开关操作	操作	先决条件	功能
开关确认1	操作	强制禁止FSIS	功能
开关确认2	操作	强制禁止FSIS	操作
开关确认3	操作	强制终止FSIS	功能
强制执行FSIS	操作	强制终止FSIS	操作
FSIS确认1	操作	引气管	硬件

增加的除冰软件系统需求模型中关联名称和关联源、目的节点名称描述如表7-24所示。

表7-24 静态模型增加的关联信息表

关联名称	源节点名称	目的节点名称
决策信息	机翼结冰情况	机翼结冰
实现	除冰功能	引气管
控制	收集除冰腔温度	除冰功能
控制	收集除冰腔压力	除冰功能
控制	开启除冰	除冰功能
前置判断	开启判断	开启除冰
实现	开启除冰	开关操作
引起	开关操作	开关确认1
引起	开关确认1	开关确认2
引起	开关确认2	开关确认3

续表

关联名称	源节点名称	目的节点名称
反馈	开启判断	飞行员
实现	开关操作	飞行员
实现	开关确认 1	飞行员
实现	开关确认 2	飞行员
实现	开关确认 3	飞行员
前置判断	先决条件	强制执行 FSIS
前置判断	先决条件	强制禁止 FSIS
前置判断	先决条件	强制终止 FSIS
实现	强制执行 FSIS(功能)	强制执行 FSIS(操作)
实现	强制禁止 FSIS(功能)	强制禁止 FSIS(操作)
实现	强制终止 FSIS(功能)	强制终止 FSIS(操作)
实现	FSIS 确认 1	飞行员
实现	FSIS 确认 2	飞行员
实现	FSIS 确认 3	飞行员
引起	强制执行 FSIS(操作)	FSIS 确认 1
引起	强制禁止 FSIS(操作)	FSIS 确认 1
引起	强制终止 FSIS(操作)	FSIS 确认 1
引起	FSIS 确认 1	FSIS 确认 2
引起	FSIS 确认 2	FSIS 确认 3
FSIS	强制执行 FSIS(功能)	自动除冰
FSIS	强制禁止 FSIS(功能)	自动除冰
FSIS	强制终止 FSIS(功能)	自动除冰
FSIS	强制执行 FSIS(功能)	收集除冰腔压力
FSIS	强制禁止 FSIS(功能)	收集除冰腔压力

续表

关联名称	源节点名称	目的节点名称
FSIS	强制终止 FSIS(功能)	收集除冰腔压力
FSIS	强制执行 FSIS(功能)	收集除冰腔温度
FSIS	强制禁止 FSIS(功能)	收集除冰腔温度
FSIS	强制终止 FSIS(功能)	收集除冰腔温度
实现	强制执行 FSIS(操作)	飞行员
实现	强制禁止 FSIS(操作)	飞行员
实现	强制终止 FSIS(操作)	飞行员

7.2.3.2　动态验证

除冰系统软件的动态建模、验证和实时运行信息如图 7-12 所示，其中深色库所为验证的通过库所，未通过验证的库所列举如表 7-25 所示。

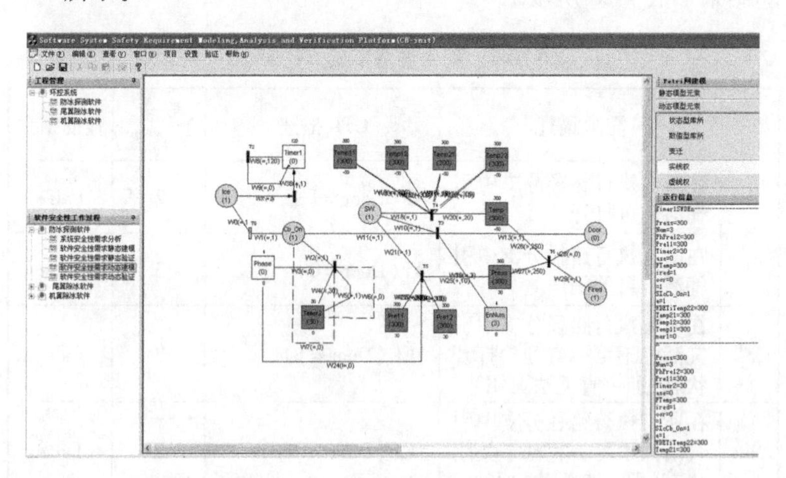

图 7-12　初始需求动态模型验证图

表 7-25　未通过验证的库所列表

	库所	意义
未通过库所	Temp11	温度传感器 11 采样数据
	Temp12	温度传感器 12 采样数据
	Temp21	温度传感器 21 采样数据
	Temp22	温度传感器 22 采样数据
	Timer2	地面测试时间
	Pre11	压力传感器 11 采样数据
	Pre12	压力传感器 11 采样数据

本书对除冰系统软件进行了安全性需求分析，自动生成模型检验代码，同时将安全性需求描述为 CTL 公式，以实现动态的模型检验。除冰系统中典型的安全性需求及对应的 CTL 公式和模型检验结果如表 7-26 所示。

表 7-26　安全性需求的 CTL 表示

编号	需求描述	CTL 描述	安全关键度	验证结果
1	在所有执行路径分支中引气活门可打开	AF(Door=1)	2	False
2	在所有执行路径分支中引气活门可关闭	AF(Door=0)	3	True
3	在所有执行路径分支中引气活门不可一直处于打开状态(即一直无法关闭)	!EG(Door=1)	3	False
4	在所有执行路径分支中引气活门不可一直处于关闭状态(即一直无法打开)	!EG(Door=0)	2	False
5	在所有执行路径分支中，在软件发生故障的情况下，按下除冰按钮，引气活门仍可打开	AF (Cb_On = 1&SW =0)&(Door=1)	3	False

续表

编号	需求描述	CTL描述	安全关键度	验证结果
6	在所有执行路径分支中，在软件发生故障的情况下，抬起除冰按钮，引气活门仍可关闭	AF（Cb_On = 0&SW = 0）&（Door = 0）	3	False
7	在压力数据异常情况下，软件立即自动关闭引气活门信号不可被自动触发	AG（Error2）- > AX（t8_fired = 0）	4	初始需求未考虑
8	在温度数据异常情况下，软件立即自动关闭引气活门信号不可被自动触发	AG（Error1）- > AX（t8_fired = 0）	4	初始需求未考虑

根据工具原型的动态运行信息和验证结果描述，共增加了6个模型库所、9个模型变迁，增加的库所和变迁如表7-27和表7-28所示。

表7-27 增加的动态模型中的库所信息

编号	库所	类型	意义
18	Count1	数值	温度传感器数据异常的连续出现次数
19	Count2	数值	温度传感器数据异常的统计出现次数
20	Error1	状态	温度传感器故障
21	Count3	数值	压力传感器数据异常的连续出现次数
22	Count4	数值	压力传感器数据异常的统计出现次数
23	Error2	状态	压力传感器故障

表7-28 增加的动态模型中的变迁信息

变迁	类型	意义
T9	多元组合判断	判断压力传感器数据差异
T10	多元组合判断	判断压力传感器数据差异
T11	一元判断	判断压力传感器数据统计异常是否超过20次

续表

变迁	类型	意义
T12	一元判断	判断压力传感器数据连续异常是否超过 4 次
T13	多元组合判断	判断温度传感器数据差异
T14	一元判断	判断温度传感器数据连续异常是否超过 4 次
T15	一元判断	判断压力传感器数据连续异常是否超过 20 次
T16	一元组合判断	判断是否正常关闭活门
T17	一元组合判断	判断是否正常打开活门

根据上表中增加的库所和变迁,修改后的除冰系统软件动态模型如图 7-13 所示。

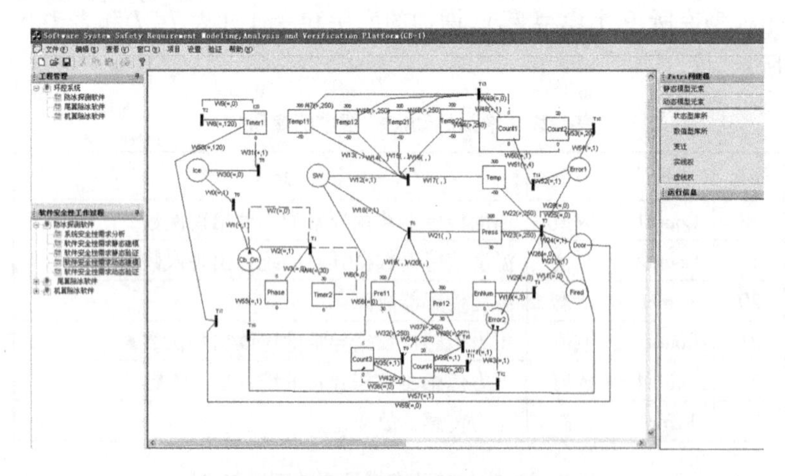

图 7-13　修改后的需求动态模型

本书基于扩展 Petri 网对除冰系统软件进行建模并自动转换为 NuSMV 验证代码,同时对安全性需求涉及的库所(以 AG (Error1) -> AX(t8_fired =0)为例)进行子模型自动划分和定级,划分结果如图 7-14所示,定级过程和结果如表 7-29 和表 7-30 所示,详细的 NuSMV 代码见附录 B。

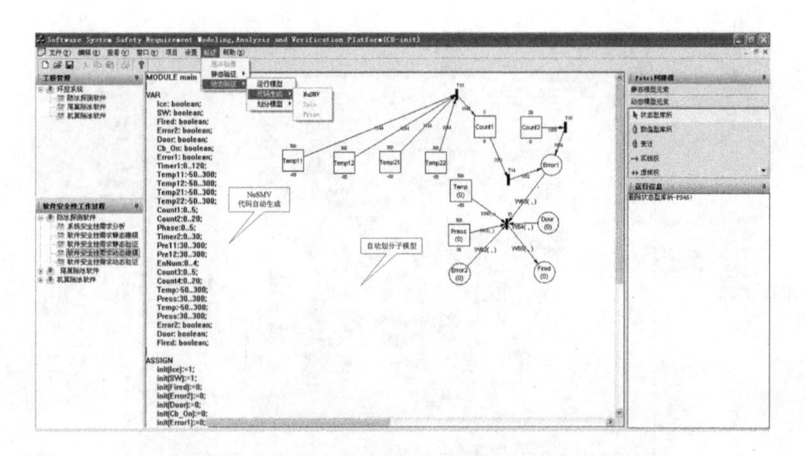

图 7-14　验证代码自动生成和自动划分子模型示意图

表 7-29　一次安全性定级的结果

库所	Temp 11	Temp 12	Temp 21	Temp 22	Temp	Count 1	Error 1	Error 2	Fired	Door
安全关键度/安全距离	4/4	4/4	4/4	4/4	4/3	4/3	4/2	4/2	4/1	4/1

划分前后模型和子模型的库所、变迁、权和验证时间的对比结果如表 7-30 所示。

表 7-30　模型和子模型的对比结果

	库所	变迁	权	验证时间
划分前	23	17	59	52min41s
划分后	11	4	14	7min19s
对比结果（划分后/划分前）	47.8%	23.5%	23.7%	13.9%

7.2.3.3　回归验证

完善后的需求模型的静态回归验证结果如图 7-15 所示。

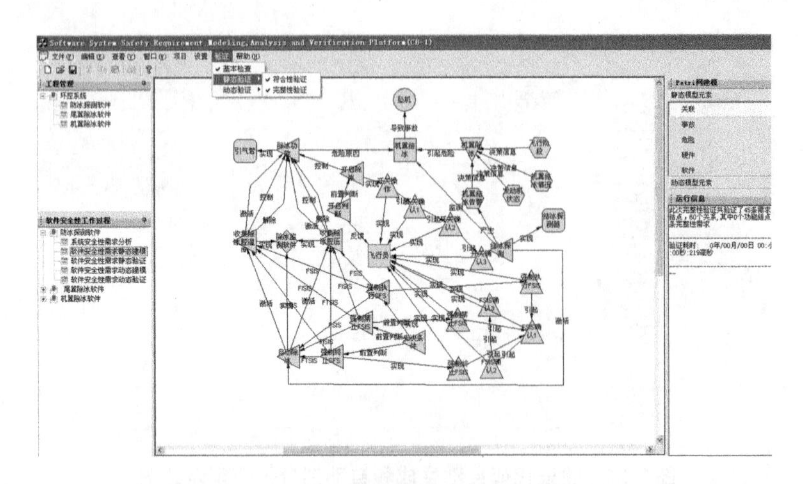

图 7-15　修改后模型的静态回归验证图

完善后的需求模型的动态回归验证结果如图 7-16 所示。

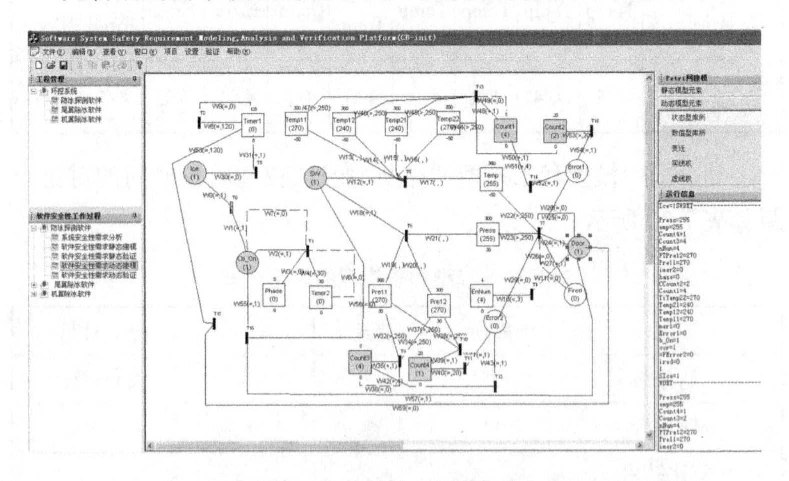

图 7-16　修改后模型的动态回归验证图

根据完善后的除冰系统需求动态模型,自动生成 NuSMV 验证代码后实施验证,最终通过所有的示例性质验证,验证结果如图 7-17所示。

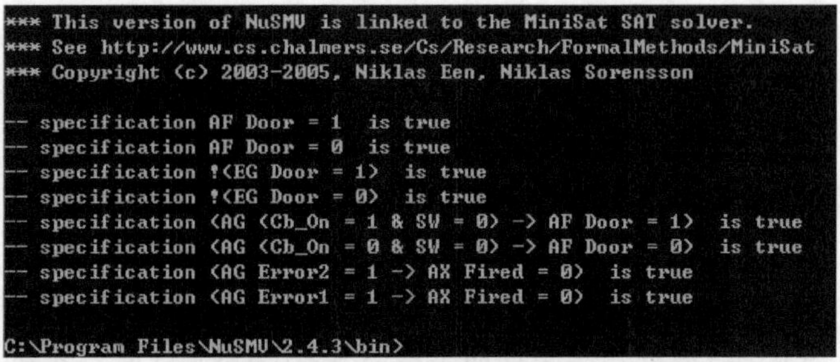

```
*** This version of NuSMV is linked to the MiniSat SAT solver.
*** See http://www.cs.chalmers.se/Cs/Research/FormalMethods/MiniSat
*** Copyright (c) 2003-2005, Niklas Een, Niklas Sorensson

-- specification AF Door = 1  is true
-- specification AF Door = 0  is true
-- specification !(EG Door = 1)  is true
-- specification !(EG Door = 0)  is true
-- specification (AG (Cb_On = 1 & SW = 0) -> AF Door = 1)  is true
-- specification (AG (Cb_On = 0 & SW = 0) -> AF Door = 0)  is true
-- specification (AG Error2 = 1 -> AX Fired = 0)  is true
-- specification (AG Error1 = 1 -> AX Fired = 0)  is true

C:\Program Files\NuSMV\2.4.3\bin>
```

图 7-17　修改后模型的检验结果

7.3　本章小结

本章设计了 3 个模拟软件作为静态验证对象,选取了 4 位不同背景的实验人员分为形式化工具组和人工分析组进行安全性分析验证,记录实验数据并进行对比,经分析后得到的结论包括:(1)使用工具原型的小组在验证时间上要小于人工分析小组;(2)使用工具原型的小组在验证次数上要小于人工分析小组;(3)使用工具原型的小组在验证效率上要高于人工分析小组;(4)工具原型具有较好的操作性。本章最后选取了典型的机载安全关键软件作为实例,利用工具原型实施系统的软件安全性需求建模和验证,给出相应的过程和结果。过程和结果表明形式化方法和工具原型的使用可以快速高效地发现软件需求中存在的安全性问题,从而达到了提高软件安全性的目的。

第8章 结论与展望

本书围绕着软件安全性需求形式化建模和验证展开系统的理论和实践研究,以形式化方法为基础从静态和动态两个方面对软件安全性需求进行建模和验证,同时基于理论研究的成果设计和开发了软件安全性需求自动化建模和验证的工具原型,并进行了实验和典型实例应用。现将本书的主要研究成果以及未来工作的展望列举如下。

8.1 主要研究成果

本书的主要研究成果列举如下:

(1) 建立了软件安全性需求静态本体模型。

面向标准、基于"七步法"建立了软件安全性需求静态本体模型,从而形成了形式化的、计算机可处理的、基于标准的、领域可共享和复用的、用于软件安全性需求验证的机器知识。

(2) 建立了软件安全性需求动态扩展 Petri 网模型。

针对软件系统动态行为的复杂性和安全性,对 Petri 网进行了有针对性的扩展,给出了库所、变迁和权函数的形式定义,扩展 Petri 网的迁移使能和引发规则,引入了安全距离,增强了 Petri 网对软件安全性需求的建模能力。

(3) 提取软件安全性需求静态验证规则并建立其形式化描述。

从软件和系统安全子阶段、软件安全性策划子阶段和软件需求子阶段提取相应的软件安全性需求产生的约束并给出其形式化的谓词描述，利用本体模型的描述能力和存储的谓词规则对软件安全性需求展开静态验证，提高了软件安全性需求基于标准的符合性和完整性。

（4）建立了扩展 Petri 网和模型检验程序之间的自动转换。

经分析主流模型检验工具之一的 NuSMV 的程序结构，建立了扩展 Petri 网和 NuSMV 核心语法的形式化映射，设计并实现了从扩展 Petri 网自动生成 NuSMV 程序语言的算法，从而提高了模型检验的工作效率。

（5）设计并实现了扩展 Petri 网模型自动划分和定级的递归算法。

设计并实现了一种扩展 Petri 网模型自动划分和定级的递归算法，使得软件安全性需求验证只需要关注划分后的子模型状态空间，从而降低了计算机处理的时空复杂度，提高动态验证效率，并同时实现了对库所的安全性定级，为后续的软件安全性设计提供参考依据。

（6）设计并实现了软件安全性需求形式化建模和验证工具原型。

基于以上研究内容设计并开发了软件安全性需求建模和验证的自动化工具原型。该原型具有良好的用户界面、易于理解和易于操作，提高了形式化方法的工程应用能力。

（7）设计和完成软件安全性需求静态验证对比实验。

设计了 3 个模拟软件作为静态验证对象，选取了 4 个不同背景的实验人员分为形式化工具组和人工分析组进行安全性分析验证，记录实验数据并进行对比分析，证实了形式化工具在验证的效率、验证结果的客观无差异性和修改效率上都要好于人工分析。

（8）工具原型在典型的机载安全关键软件上的系统应用。

选取了典型的机载安全关键软件——除冰系统软件作为实

例,利用工具原型对其进行需求建模和验证。过程和结果表明形式化方法和工具原型的使用可以快速高效地发现软件需求中存在的安全性问题,可以对问题的定位和修改提供准确的信息,可以快速高效地实现回归验证,从而提高了软件安全性验证的效率,也积累和丰富了形式化方法在实际的软件安全性需求验证中的工程实施经验。

8.2 未来工作展望

对于未来的工作,本书做出以下展望:

(1) 继续跟踪标准和手册的更新,完善软件安全性需求本体模型。

(2) 继续丰富扩展 Petri 网的库所类型,变迁和权函数语义,以更好地描述软件安全性需求的动态行为特征,建立扩展 Petri 网与其他主流模型检验工具语言之间的语义映射和自动转换。

(3) 分析验证规则的排列顺序对分析人员修改工作量的影响,给出最优规则排列算法。

(4) 继续完善工具原型。

参考文献

[1] 陈火旺,王戟,董威.高可信软件工程技术[J]. 电子学报, 2003, 31(S1):1933-1938.

[2] 吴际,金茂忠.UML 面向对象分析[M]. 北京: 北京航空航天大学出版社, 2001.

[3] Glasson G. The unified modeling language user guide[M]. Houston: Belltown Media, 1999.

[4] 董威.面向 UML 的模型检验研究[D]. 长沙: 国防科学技术大学, 2002.

[5] 沈胜宇.模型检验的反例解释[D]. 长沙: 国防科学技术大学, 2005.

[6] 郑红军,张乃孝.软件开发中的形式化方法[J]. 计算机科学, 1997, 24(6):90-96.

[7] Singhal M. Research in high - confidence distributed information systems[C]//Proceedings 20th IEEE Symposium on Reliable Distributed Systems. New York: IEEE, 2001:76-77.

[8] 杨仕平,熊光泽,桑楠.安全关键系统的防危性技术研究[J]. 电子科技大学学报, 2003,32(2):164-168.

[9] Davis J F. The affordable application of formal methods to software engineering[C]//Proceedings of the 2005 annual ACM SIGAda international conference on ada: The engineering of correct and reliable software for real-time & distributed systems using ada and related technologies 2005, Atlanta, GA, USA, November 13-17, 2005.

ACM,2005: 57 -62.

[10] Tribble A, Miller S. Software intensive systems safety analysis[J]. IEEE Aerospace and Electronic Systems Magazine, 2004, 19 (10):21 -26.

[11] Song J, Neale D, Lin F, et al. Formalising process scheduling requirements for an aircraft operational flight program[C]//IEEE International Conference on Formal Engineering Methods. New York: IEEE, 1997:161 -168.

[12] Stevens B L. Derivation of aircraft, linear state equations from implicit nonlinear equations[C]//IEEE Conference on Decision & Control. New York:IEEE, 1990,2:465 -469.

[13] Atlee J M, Gannon J. State-based model checking of event-driven system requirements[J]. IEEE Transactions on Software Engineering, 1993, 19(1):24 -40.

[14] Meenakshi B, Barman K D, Babu K G, et al. Formal safety analysis of mode transitions in aircraft flight control system[C]//Digital Avionics Systems Conference. New York:IEEE, 2007:2. C. 1 -11.

[15] 崔萌,袁海,史耀馨,等.一种基于MDA的UML顺序图到状态图的转换方法[J]. 南京大学学报(自然科学版), 2004, 40 (4):270 -482.

[16] 崔萌,李宣东,郑国梁. UML实时活动图的形式化分析[J]. 计算机学报,2004,27(3): 339 -346.

[17] 蒋慧,林东,谢希任. UML状态机的形式语义[J]. 软件学报, 2002, 13(12):2244 -2250.

[18] Schmuller J. UML基础、案例与应用[M].李虎,李强译. 3版.北京:人民邮电出版社, 2004.

[19] 塔维娜,何积丰.基于形式化方法的需求分析[J]. 计算机工程, 2003, 29(18): 107 -109.

[20] 古天龙. 软件开发的形式化方法[M]. 北京:高等教育出版社, 2005.

[21] Barroca L M, Mcdermid J A. Formal methods: use and relevance for the development of safety critical systems[J]. The Computer Journal, 1994, 35(6):96 - 153.

[22] Bowen J P, Butler R W, Dill D L, et al. An invitation to formal methods. [J]. Computer, 1996, 29(4):16 - 30.

[23] Hall A. Seven myths of formal methods[J]. IEEE Software, 1990, 7(5):11 - 19.

[24] Bowen J P, Hinchey M G. Seven more myths of formal methods[J]. IEEE Software, 1995, 12(4):34 - 41.

[25] Bowen J P, Hinchey M G. Ten commandments of formal methods[J]. Computer, 1995, 28(4):56 - 63.

[26] Bowen J P, Hinchey M G. Ten commandments of formal methods... Ten years later[J]. IEEE Computer, 2006,39(1):40 - 48.

[27] Tremblay G. Formal methods: mathematics, computer science or software engineering? [C]//Conference on Software Engineering Education&Training. IEEE, 2000, 43(4):377 - 382.

[28] Heitmeyer C L, Archer M M, Leonard E I, et al. Applying formal methods to a certifiably secure software system[J]. IEEE Transactions on Software Engineering, 2008, 34(1):82 - 98.

[29] Karam G M. An icon-based design method for prolog[J]. IEEE Software, 1988, 5(4):51 - 65.

[30] 雷英杰. Visual Prolog 语言教程[M]. 西安:陕西科学技术出版社, 2002.

[31] Bell D G, Brat G P. Automated software verification & validation: An emerging approach for ground operations[C]//Aerospace Conference, 2008 IEEE. New York:IEEE, 2008:1 - 8.

[32] Pilone D, Pitman N. UML 2.0 in a nutshell[M], Boston: O'Reilly Media, 2005.

[33] 刘克,单志广,王戟,等."可信软件基础研究"重大研究计划综述[J]. 中国科学基金, 2008,22(3):145 - 151.

[34] 肖健宇,张德运,陈海诠,等. 模型检测与定理证明相结合开发并验证高可信嵌入式软件[J]. 吉林大学学报(工学版), 2005, 35(5):531 - 536.

[35] Swarup M B, Ramaiah P S. An approach to modeling software safety[C]//2008 Ninth ACIS International Conference on Software Engineering, Artificial Intelligence, Networking, and Parallel/Distributed Computing. New York: IEEE, 2008:800 - 806.

[36] Yang S, Sang N, Xiong G. Safety testing of safety critical software based on critical mission duration[M]. 10th IEEE Pacific Rim International Symposium on Dependable Computing, 2004. Proceedings. New York: IEEE,2004.

[37] Heitmeyer C, Kirby J J, Labaw B, et al. Using abstraction and model checking to detect safety violations in requirements specifications[J]. IEEE Transactions on Software Engineering, 1998, 24(11):927 - 948.

[38] 杨仕平,熊光泽,桑楠. 安全关键系统的防危性测评技术研究[J]. 计算机学,2004,27(4):442 - 450.

[39] 覃志东,雷航,桑楠,等. 安全关键软件可靠性验证测试方法研究[J]. 航空学报, 2005, 26(3):334 - 339.

[40] 张鸿. 程序设计语言中动态内存管理故障测试模型的研究[D]. 郑州:郑州大学, 2006.

[41] Howard M, LeBlanc D, Viega J. 一个都不能有:软件的19个致命安全漏洞[M]. 肖枫涛,杨明军,译. 北京:清华大学出版社, 2006.

[42] Hawkins R, Habli I, Kelly T, et al. Assurance cases and prescriptive software safety certification: A comparative study [J]. Safety Science, 2013, 59:55 - 71.

[43] Soliman D, Frey G, Thramboulidis K. On formal verification of function block applications in safety-related software development[J]. Ifac Proceedings Volumes, 2013, 46(22):109 - 114.

[44] 肖健宇,张德运,郑卫斌,等. 程序条件化用于软件模型检测中的状态空间缩减[J]. 西安交通大学学报, 2006, 40(4): 377 - 380.

[45] 张涛. 非法计算故障的检测计数研究[D]. 武汉:华中师范大学, 2007.

[46] 沈永清. 基于 ARM 的嵌入式安全关键软件仿真测试平台的研究[D]. 上海:同济大学, 2007.

[47] Yang C Y. Software safety testing based on STPA[J]. Procedia Engineering, 2014, 80:399 - 406.

[48] 徐中伟,吴芳美. 基于测试的安全软件的安全性评估[J]. 计算机工程与科学, 2001, 23(5):94 - 96.

[49] 杨晋辉,郦萌. 基于 UML 和 Petri 网的铁路联锁软件建模[J]. 计算机工程, 2006, 32(11):55 - 57.

[50] 王铁江,郦萌. 计算机联锁软件的 Z 规格说明[J]. 铁道学报, 2005, 25(4):62 - 66.

[51] Park G Y, Kim D H, Lee D Y. Software FMEA analysis for safety-related application software [J]. Annals of Nuclear Energy, 2014, 70:96 - 102.

[52] Son H S, Seong P H. A quality control method for nuclear instrumentation and control systems based on software safety prediction [J]. IEEE Transactions on Nuclear Science, 2000, 47(2):408 - 421.

[53] Leveson N G. A systems-theoretic approach to safety in software-intensive systems[J]. IEEE Transactions on Dependable and Secure Computing, 2004, 1(1):66 – 86.

[54] Delong T A, Smith D T, Johnson B W. Dependability metrics to assess safety-critical systems[J]. IEEE Transactions on Reliability, 2005, 54(3):498 – 505.

[55] Huget R G, Viola M, Froebel P A. Ontario hydro experience in the identification and mitigation of potential failures in safety critical software systems[J]. IEEE Transactions on Nuclear Science, 1995, 42(4):987 – 992.

[56] Carpenter P B. Verification of requirements for saftey-critical software[C]// SIGAda'99 Proceedings of the 1999 annual ACM SIGAda international conference on Ada. New York: ACM,1999.

[57] Smith S F, Becker M A. An ontology for constructing scheduling systems[J]. Working Notes from Aaai Spring Symposium on Ontological Engineering, 1997:120 – 129.

[58] Li S, Duo S. Safety analysis of software requirements: Model and process[J]. Procedia Engineering, 2014(80):153 – 164.

[59] Fox M S, Grüninger M. Enterprise Modeling[J]. Ai Magazine, 1998, 19(3):109 – 121.

[60] Uschold M, King M, Moralee S, et al. The enterprise ontology[J]. The Knowledge Engineering Review, 1998, 13(1):31 – 89.

[61] Yamamoto S. A knowledge integration approach of safety-critical software development and operation based on the method architecture[J]. Procedia Computer Science, 2014, 35:1718 – 1727.

[62] Editor U. Knowledge level modelling: concepts and terminology[J]. Knowledge Engineering Review, 2000, 13(1):5 – 29.

[63] 黄全舟.软件过程与统一软件开发过程研究[J].计算机工程与应用,2004,40(31):66-68.

[64] 黄锡滋.软件可靠性、安全性与质量保证[M].北京:电子工业出版社,2002.

[65] Hayhurst K J, Holloway C M. Challenges in software aspects of aerospace systems[C]//Proceedings 26th Annual NASA Goddard,Software Engineering Workshop. New York:IEEE,2001:7-13.

[66] Zoughbi G, Briand L, Labiche Y. A UML profile for developing airworthiness-compliant (RTCA DO-178B), safety-critical software[C]//International Conference on Model Driven Engineering Languages & Systems. Berlin:Springer, 2007.

[67] 刘秋华,毋国庆.从需求到体系结构的设计[J].计算机应用研究,2004(6):87-89.

[68] 国防科学技术工业委员会.软件可靠性和安全性设计准则:GJB/Z 102-97[S].1997.

[69] 李佳玉,吴春欣.IEC61508 功能安全国际标准及安全性分析[J].中国铁路,2001(1):44-45,36.

[70] 国防科学技术工业委员会.系统安全性通用大纲:GJB900-90[S].1990.

[71] IEEE. IEEE standard for software safety plans[S]. New York:IEEE,1994.

[72] RTCA. Software considerations in airborne systems and eouipment certification:DO-178B[S].1992.

[73] NASA. Software safety standard:NASA-STD-8719.13B-2004[S].2014.

[74] NASA. Software safety standard guide book:NASA-GB-8719.13-2004[S].2014.

[75] Heimdahl M P E. Safety and software intensive systems:

challenges old and new[C]// Future of Software Engineering. New York:IEEE, 2007.

[76] Cheng Y, Chao N, Tian Z, et al. Quality assurance for a nuclear power plant simulator by applying standards for safety-critical software[J]. Progress in Nuclear Energy, 2014(70):128 - 133.

[77] Leveson N G. Software safety: why, what, and how[J]. ACM Computing Surveys, 1986, 18(2):125 - 163.

[78] Heimdahl M P E, Leveson N G. Completeness and consistency in hierarchical state-based requirements[J]. IEEE Transactions on Software Engineering, 1996, 22(6):363 - 377.

[79] Asplund, Fredrik. The future of software tool chain safety qualification[J]. Safety Science, 2015(74):37 - 43.

[80] Leveson N G, Heimdahl M P E, Reese J D. Designing specification languages for process control systems: lessons learned and steps to the future? [J]. 1999, 1687:127 - 146.

[81] Modugno F, Leveson N G, Reese J D, et al. Creating and analyzing requirement specifications of joint human-computer controllers for safety-critical systems[C]// Symposium on Human Interaction with Complex Systems. New York:IEEE, 1996:46 - 53.

[82] Shi S, Wang Q. Comparative analysis of two predictive softwares for safety of traditional Chinese medicine: A case study on licorice[J]. Toxicology Letters, 2015, 238(2):170 - 171.

[83] 刘建军,邢亮,叶宏. 机载设备软件需求获取过程研究[J]. 航空计算技术,2008, 38(4):70 - 74.

[84] Miller S P, Tribble A C, Whalen M W, et al. Proving the shalls: Early validation of requirements through formal methods[J]. International Journal on Software Tools for Technology Transfer, 2006, 8(4):303 - 319.

[85] Leveson N G, Heimdahl M P E, Hildreth H, et al. Requirements specification for process-control systems[J]. IEEE Transactions on Software Engineering, 1994, 20(9):684 – 707.

[86] Choi Y, Rayadurgam S, Heimdahl M P E. Toward automation for model-checking requirements specifications with numeric constraints[J]. Requirements Engineering, 2002, 7(4):225 – 242.

[87] Abdulkhaleq A, Wagner S, Leveson N. A comprehensive safety engineering approach for software-intensive systems based on STPA[J]. Procedia Engineering, 2015, 128:2 – 11.

[88] Rajan A, Whalen M W, Heimdahl M P E. The effect of program and model structure on mc/dc test adequacy coverage[C]// Acm/ieee International Conference on Software Engineering. New York:IEEE, 2008:161 – 170.

[89] Heimdahl M P E, Whalen M W, Rajan A, et al. On MC/DC and implementation structure: An empirical study[C]// 2008 IEEE/AIAA 27th. Digital Avionics Systems Conference. New York: 2008:5. B. 3 – 13

[90] Rajan A, Whalen M W, Heimdahl M P E. Model validation using automatically generated requirements-based tests[C]// 10th IEEE. High Assurance Systems Engineering Symposium(HASE '07). New York:IEEE,2007:95 – 104.

[91] Choi Y, Heimdahl M P E. Model checking RSML-e requirements[C]// 7th IEEE International Symposium on High-Assurance Systems Engineering (HASE 2002). New York: IEEE, 2002: 109 – 118.

[92] Rayadurgam S. Generating MC/DC adequate test sequences through model checking[C]// Software Engineering Workshop. New York:IEEE, 2003:91 – 96.

[93] Beyer D, Henzinger T A, Jhala R, et al. The software model checker Blast[J]. International Journal on Software Tools for Technology Transfer, 2007, 9(5-6):505-525.

[94] Rothamel T, Liu Y A, Heitmeyer C L, et al. Generating optimized code from SCR specifications [C] // Acm Sigplan/sigbed Conference on Language. New York: ACM, 2006.

[95] Alonso A, de la Puente J A, Zamorano J, et al. Safety concept for a mixed criticality on-board software system? [J]. IFAC-PapersOnLine, 2015, 48(10):240-245.

[96] Ourghanlian A. Evaluation of static analysis tools used to assess software important to nuclear power plant safety[J]. Nuclear Engineering and Technology, 2015, 47(2):212-218.

[97] Atlee J M, Buckley M A. A logic-model semantics for SCR software requirements[J]. Acm Sigsoft Software Engineering Notes, 1996, 21(3):280-292.

[98] de Oliveira A L, Papadopoulos Y, Azevedo L S, et al. Automatic allocation of safety requirements to components of a software Product Line[J]. IFAC-PapersOnLine, 2015, 48(21):1309-1314.

[99] Cheng B H C, Atlee J M. Research directions in requirements engineering [C] // Future of Software Engineering. New York: IEEE, 2007, 1:285-303.

[100] Mango E J. Safety characteristics in system application software for human rated exploration missions[J]. Journal of Space Safety Engineering, 2016, 3(3):104-110.

[101] Beer I, Bendavid S, Eisner C, et al. Efficient detection of vacuity in ACTL formulas[M]. Berlin: Springer, 1997.

[102] Kupferman O, Vardi M Y. Vacuity Detection in Temporal Model Checking[C] // Ifip Wg 105 Advanced Research Working Con-

ference on Correct Hardware Design & Verification Methods. Berlin: Springer, 1999:82 - 98.

[103] Abramov L V, Bakhmetyev A M, Bylov I A, et al. Development and verification of a software system for the probabilistic safety analysis of nuclear plants as part of the proryv project[J]. Nuclear Energy and Technology, 2016, 2(2):77 - 80.

[104] Mitra P, Fabios. Vacuum cleaning CTL formulae[C]// Proceedings of the 14th Conference on Computer Aided Design. Berlin: Springer, 2002:485 - 499.

[105] Smith W S, Koothoor N. A document-driven method for certifying scientific computing software for use in nuclear safety analysis [J]. Nuclear Engineering and Technology, 2016, 48(2):404 - 418.

[106] Whalen M W, Rajan A, Heimdahl M P E, et al. Coverage metrics for requirements-based testing[C]// Proceedings of the ACM/SIGSOFT international symposium on software testing and analysis, USA, 2006.

[107] Rudakov S, Dickerson C E. Harmonization of IEEE 1012 and IEC 60880 standards regarding verification and validation of nuclear power plant safety systems software using model-based methodology [J]. Progress in Nuclear Energy, 2017, 99:86 - 95.

[108] Chockler H, Kupferman O, Kurshan R P, et al. A practical approach to coverage in model checking[C]//Proceeding of the international conference on computer aided verification (CAV01), 2001:66 - 78.

[109] Bujok A B, Macmahon S T, Grant P, et al. Approach to the development of a Unified Framework for Safety Critical Software Development[J]. Computer Standards& Interfaces, 2017, 54(3):152 - 161.

[110] Chockler H, Kupferman O, Vardi M Y. Coverage metrics for temporal logic model checking[J]. Formal Methods in System Design, 2006, 28(3):189 - 212.

[111] Merlin P, Farber D. Recoverability of communication protocols-Implications of a theoretical study[J]. IEEE Transactions on Communications, 1976, 24(9):1036 - 1043.

[112] Lee S H, Lee S J, Park J Y, et al. Development of simulation-based testing environment for safety-critical software[J]. Nuclear Engineering and Technology, 2018, 50(4):570 - 581.

[113] 刘兴堂. 复杂系统建模理论、方法与技术[M]. 北京:科学出版社, 2008.

[114] 林闯. 随机 Petri 和系统性能评价[M]. 北京:清华大学出版社, 2000.

[115] 刘志. 基于逻辑情景演算的虚拟企业过程建模研究[D]. 杭州:浙江大学,2001.

[116] Uschold M, Gruninger M. Ontologies: Principles, methods and applications[J]. The Knowledge Engineering Review, 1996, 11(2):93 - 136.

[117] Gruninger M. Methodology for the design and evaluation of ontologies[C]//Workshop on Workshop Notes of Ijcai, 1995.

[118] Heeager L, Nielsen P A. A conceptual model of agile software development in a safety-critical context: A systematic literature review[J]. Information and Software Technology,2018,103:22 - 39.

[119] 李景,苏晓鹭. 构建领域本体的方法[J]. 计算机与农业, 2003(7):7 - 10.

[120] 王洪伟,吴家春,蒋馥. 基于描述逻辑的本体模型研究[J], 系统工程, 2003(3):101 - 106.

[121] 王昕,熊光楞. 基于本体的设计原理信息提取[J]. 计算

机辅助设计与图形学学报，2003(3):429-432.

[122] 苗虹.基于本体的企业数据模型研究[D]. 镇江:江苏科技大学，2005.

[123] 焦宏想.基于本体的物资管理领域企业行为数据模型研究[D]. 镇江:江苏科技大学，2006.

[124] 鞠可一.基于本体的企业状态数据模型研究[D]. 镇江:江苏科技大学，2006.

[125] Fernandez M, Gomez-Perez A, Juristo N. Methontology: From ontological arts towards ontological engineering[J]. Proc. AAAI-97, 1997.

[126] Bernaras A, Iñaki L, Corera J M. Building and reusing ontologies for electrical network applications[C]//12th European Conference on Artificial Intelligence, Budapest, Hungary, August 11-16, 1996, Proceedings. DBLP, 1996: 298-302.

[127] 刘凤华,朱欣娟.信息系统领域的本体模型研究[J]. 西安工程科技学院学报,2003(1):53-57.

[128] Grunske L, Colvin R, Winter K. Quantitative evaluation of systems [C]// Fourth International Conference (QEST 2007). 2007:119-128.

[129] Schreiber S, Schmidberger T, Fay A, et al. UML-based safety analysis of distributed automation systems [C]// 2007. IEEE Conference on Emerging Technologies and Factory Automation. New York: IEEE, 2007:1069-1075.

[130] Cho J, Shin S M, Lee S J, et al. Exhaustive test cases for the software reliability of safety-critical digital systems in nuclear power plants[J]. Nuclear Engineering and Design, 2019(352):1-11.

[131] Wolforth I, Walker M, Papadopoulos Y. A language for failure patterns and application in safety analysis[C]//Dependability

of Computer Systems. New York: IEEE, 2008:47 – 54.

[132] Peng W J, Peng H, Wu G X, et al. Effect of zinc-doping on tensile strength of Σ5 bcc Fe symmetric tilt grain boundary[J]. Computational Materials Science, 2020, 171.

[133] Wang Z F, Li C Q, Li Y T. Infimum of error bounds for linear complementarity problems of Σ-SDD and Σ_1-SSD matrices[J]. Linear Algebra and Its Applications, 2019, 581.

[134] 刘光恒,范金凤. 电脑控制系统之限制的产生[D]. 桃园:元智大学, 2006.

[135] Elmqvist J, Nadjm-Tehrani S. Tool support for incremental failure mode and effects analysis of component-based systems[C]//Design, Automation & Test in Europe. New York: IEEE, 2008:921 – 927.

[136] 李文军. 并发模型与动态优先系统[D]. 北京:中国科学院软件研究所, 2000.

[137] 邓志鸿,唐世渭,张铭,等. Ontoglogy 研究综述[J]. 北京大学学报(自然科学版),2002, 38(5):730 – 738

[138] 李善平,尹奇韡,胡玉杰,等. 本体论研究综述[J]. 计算机研究与发展, 2004, 41(7):1041 – 1052.

[139] Naing M M, Lim E P, Hoe-Lian D G. Ontology-based web annotation framework for hyperLink structures[C]//Proceedings of the Third International Conference on Web Information Systems Engineering. New York: IEEE, 2003.

[140] 徐国虎. 基于本体的领域知识本体推理研究[M]. 武汉:湖北科学技术出版社,2008.

[141] OMG. A UML Profile for MARTE, Beta 1[S]. 2007.

[142] 杜玉越,蒋昌俊. 网上证券交易系统的时序 Petri 网描述及验证[J]. 软件学报,2002, 13(8):1698 – 1704.

[143] 段风琴,李祥. Petri 网性质的线性时序逻辑描述与 Spin 检验[J]. 计算机科学, 2006, 33(5):287 - 289.

[144] Schmidt H R, Kruse A C. The molecular function of σ receptors: Past, present, and future[J]. Trends in Pharmacological Sciences,2019,40(9):636 - 654.

[145] Cicirelli F, Furfaro A, Nigro L. An approach to protocol modeling and validation [C] // Simulation Symposium. New York: IEEE, 2006.

[146] Cerotti D, Donatelli S, Horváth A, et al. CSL model-checking for Generalized Stochastic Petri Nets[C]//International Conference on Quantitative Evaluation of Systems. New York: IEEE, 2006:199 - 210.

[147] Norman G, Palamidessi C, Parker D, et al. Model checking probabilistic and stochastic extensions of the π-calculus [J]. IEEE Transactions on Software Engineering, 2009, 35(2):209 - 223.

[148] Prasanthi T N, Sudha C, Raju S, et al. Interdiffusion behavior in 304L SS/Ti—5Ta—2Nb system[J]. Journal of Alloys and Compounds, 2019, 808.

[149] Roy P, Parker D, Norman G, et al. Symbolic magnifying lens abstraction in Markov decision processes[C]//Fifth International Conference on Quantitative Evaluation of Systems. New York: IEEE, 2008.

[150] Singh P, Kumar A, Reena, et al. Vibrational spectroscopic characterization, electronic absorption, optical nonlinearity computation and terahertz investigation of (2E) 3-(4-ethoxyphenyl)-1-(3-bromophenyl) prop-2-en-1-one for NLO device fabrication[J]. Journal of Molecular Structure, 2019, 1198.

[151] 邓志鸿,唐世渭,张铭,等. Ontology 研究综述[J]. 北京

大学学报(自然科学版),2002,38(5):730-738.

[152] 刘志. 基于逻辑情景演算的虚拟企业过程建模研究[D]. 杭州:浙江大学,2001.

[153] Uschold M, Gruninger M. Ontologies: Principles, methods and applications[J]. The Knowledge Engineering Review, 1996, 11(2):93-136.

[154] Natalya F N, Deborah L M. Ontology development 101: A guide to creating your first ontology[R]. Stanford: Stanford Knowledge Systems Laboratory, 2001.

[155] Gwandu B A L, Creasey D J. Using formal methods in a design for reliability as applied to an electronic system that integrates software and hardware to perform a function[J]. Microelectronics Reliability, 1995, 35(8):1111-1124.

[156] Lopez-Leones J, Vilaplana M A, Gallo E, et al. The aircraft intent description language: A key enabler for air-ground synchronization in trajectory-based operations[C]//Digital Avionics Systems Conference. New York: IEEE, 2007.

[157] Klinga P, Kwela A, Staniszewski M. Size of the set of attractors for iterated function systems[J]. Chaos, solitons and fractals: the interdisciplinary journal of Nonlinear Science, and Nonequilibrium and Complex Phenomena, 2019, 128:104-107.

[158] OMG. UML Profile for Modeling Quality of Service and Fault Tolerance Characteristics and Mechanisms[S]. 2005.

[159] Wang Q X, Huang W R, Chih W Y, et al. Cdc20 and molecular chaperone CCT2 and CCT5 are required for the Muscovy duck reovirus p10.8-induced cell cycle arrest and apoptosis[J]. Veterinary Microbiology, 2019, 235.

[160] OMG. UML Profile for Schedulability, Performance, and

Time Specification[S]. 2005.

[161] Iwu F, Toyn I. Modelling and analysing fault propagation in safety-related systems[C]//Software Engineering Workshop, 2003. Proceedings. 28th Annual NASA Goddard. New York: IEEE, 2004.

[162] 中国人民解放军总装备部. 军用软件开发文档通用要求(GJB 438B)[S]. 2009.

[163] IEEE Standard Glossary of Software Engineering Terminology[S]. New York: IEEE, 1997.

[164] IEEE Software Requirement Specification V1.0[S]. New York: IEEE, 1999.

[165] Bozhinoski D, Ruscio D D, Malavolta I, et al. Safety for mobile robotic systems: A systematic mapping study from a software engineering perspective[J]. Journal of Systems and Software, 2019, 151: 150 - 179.

附录 A　实验软件需求

实验 1
某机载系统描述如下： (1) 系统存在的事故可能为事故 A、事故 B，其中， 事故 A 的后果为机毁人亡，为 A 级灾难性事故； 事故 B 的后果为引起飞机危险的严重失效。 (2) 系统存在多种危险情况，其中， 危险 A 可能导致事故 A，也可能导致事故 B，危险 A 严酷度为关键，很可能发生，风险指数为 2。 (3) 系统由软件、硬件等组成，实现功能如下： 功能 A 失效会导致危险 A 的发生，严酷度为关键，由软件 A 实现； 功能 B 控制功能 A，严酷度为关键，由软件 A 实现； 功能 C 控制功能 A，严酷度为关键，由硬件 A 实现。
实验 2
某机载系统描述如下： (1) 系统存在的事故可能为事故 A，事故 A 的后果为机毁人亡，为 A 级灾难性事故。 (2) 系统存在多种危险情况，其中， 危险 A 可能导致事故 A，危险 A 严酷度为关键，很可能发生，风险指数为 2； 危险 B 和 C 可能导致事故 A； 危险 B 的危险严酷度为关键，极可能发生，具有强实时性，风险指数为 2； 危险 C 的危险严酷度为关键，可能发生，具有实时性，风险指数为 2。 (3) 系统由软件、硬件等组成，实现功能如下： 功能 A 失效会导致危险 A 的发生，严酷度为关键，由软件 A 实现； 功能 B 控制功能 A，功能 B 失效会导致危险 B 的发生，由硬件 A 实现； 功能 C 控制功能 A，严酷度为关键，由软件 A 实现； 功能 D 是功能 A 的 FDIR，严酷度为适度，由软件 A 实现，产生信息 A； 功能 E 失效会导致危险 B 的发生，严酷度为关键，由硬件 A 实现； 功能 F 失效会导致是危险 C 的发生，严酷度为适度，强实时，由规范 A 控制； 决策 A 错误会导致危险 C 的发生，信息 A 为决策 A 提供决策信息； 软件 A 和软件 B 同属于平台 A。

实验 3

某机载系统描述如下：

（1）系统存在的事故可能为事故 A、事故 B，其中，

事故 A 的后果为机毁人亡，为 A 级灾难性事故；

事故 B 的后果为引起飞机危险的严重失效，严酷度为关键；

事故 C 的后果为引起飞行危险的严重失效，严酷度为关键。

（2）系统存在多种危险情况，其中，

危险 A 可能导致事故 A，也可能导致事故 B，危险 A 严酷度为关键，很可能发生，风险指数为 2；

危险 B 可能导致事故 B，危险 B 的严酷度为关键，极有可能发生，实时性为实时，风险指数为 2；

危险 C 会导致事故 C 的发生，严酷度为关键，很可能发生，实时性为实时。

（3）系统由软件、硬件等组成，实现功能如下：

由信息 A 提供的错误决策会导致危险 A 的发生；

功能 A 失效会导致危险 A 的发生，严酷度为关键，由软件 A 实现，属于平台 D；

功能 B 验证危险 A，产生信息 A，严酷度为关键，实时性为实时，由软件 B 实现；

功能 E 是危险 A 的危险原因，由软件 I 实现；

功能 I 控制功能 E，由硬件 A 实现；

功能 H 控制功能 E，由软件 H 实现，属于平台 C；

功能 F 控制功能 E，由软件 E 实现，属于平台 C；

功能 L 控制危险 A，由软件 I 实现；

功能 D 控制功能 A，由软件 F 实现，属于平台 D；

功能 P 控制功能 A；

功能 G 是危险 A 的仿真，由软件 D 实现，属于平台 D；

功能 M 检测危险 B，由软件 J 实现，用于通知操作 A；

违反规范 A 将引起危险 B，规范规定了对功能 J 的控制；

功能 J 是危险 B 的危险原因，由软件 G 实现，软件 G 属于平台 B；

功能 N 由软件 K 实现，属于平台 B 和平台 A；

功能 R 是功能 N 的 FDIR，有软件 G 实现，将通知操作员 F，功能 N 通知操作，反馈操作员 F；

功能 T 控制功能 X，功能 X 是危险 C 的危险原因，功能 R 可解除功能 T，激活功能 S，功能 S 有操作 E 实现，反馈给操作员 G；

功能 R 由操作员 H 进行操作 D 实现，功能 W 是功能 R 的前置判断；

功能 A3 是功能 Z 的前置判断，功能 Z 是由操作员 H 进行操作 C 实现，功能 Z 可以强制禁用隔离功能 A4；

功能 A2 可监控功能 Z，由软件 N 实现。

附录 B　自动生成的 NuSMV 代码

除冰系统软件自动生成的 NuSMV 代码

```
MODULE main
VAR
    Ice_Signal:{0,1};
    Cb_On:{0,1};
    Software:{0,1};
    Door:{0,1};
    Temperature_Error:{0,1};
    Pressure_Error:0..1;
    t8_fired:{0,1};

    Cb_Timer:0..120;
    Temperature_11:-50..300;
    Temperature_12:-50..300;
    Temperature_21:-50..300;
    Temperature_22:-50..300;
    Temperature:-50..300;
    Temperature_Abnormal_Count1:0..5;
    Temperature_Abnormal_Count2:0..20;

    Pressure_11:30..300;
    Pressure_12:30..300;
    Pressure:30..300;
    Pressure_Abnormal_Count1:0..5;
    Pressure_Abnormal_Count2:0..21;

    Phase:0..4;
    Test_Timer:0..30;
    Engine_Number:0..4;

ASSIGN
    init(Ice_Signal):=1;
```

```
init(Cb_On):=1;
init(Software):=0;
init(Door):=0;
init(Temperature_Error):=0;
init(Pressure_Error):=0;

init(Cb_Timer):=0;

init(Temperature_11):=100;
init(Temperature_12):=100;
init(Temperature_21):=100;
init(Temperature_22):=100;
init(Temperature_Abnormal_Count1):=0;
init(Temperature_Abnormal_Count2):=0;

init(Pressure_11):=30;
init(Pressure_12):=30;
init(Pressure):=30;
init(Pressure_Abnormal_Count1):=0;
init(Pressure_Abnormal_Count2):=0;

init(Phase):=0;
init(Test_Timer):=0;
init(Engine_Number):=4;

next(Ice_Signal):=case
1:{0,1};
esac;

next(Cb_On):=case
Ice_Signal=1:1;
(Cb_On=1)&(Phase=0)&(Test_Timer>29):0;
1:Cb_On;
esac;

next(Software):=case
```

```
1:{0,1};
esac;

next(Door):=case

(Temperature > 250)&(Pressure > 250)&(Temperature_Error = 0)&(Pres-
sure_Error = 1)&(Door = 1):0;
(Door = 1)&(Cb_Timer = 120):0;
(Door = 0)&(Ice_Signal = 1)&(Cb_On = 1)&(Software = 0):1;
(Cb_On = 1)&(Software = 1)&(Engine_Number > 2):1;
1:Door;
esac;

next(t8_fired):=case

(Temperature > 250)&(Pressure > 250)&(Temperature_Error = 0)&(Pres-
sure_Error = 0)&(Door = 1):1;
!((Temperature > 250)&(Pressure > 250)&(Temperature_Error = 0)&
(Pressure_Error = 0)&(Door = 1)):0;
1:t8_fired;
esac;

next(Cb_Timer):=case
Ice_Signal&(Cb_Timer < 120):Cb_Timer + 1;
Cb_Timer = 120:0;
1:Cb_Timer;
esac;

next(Temperature_11):=case
1:{-50,100,150,200,250,300};
esac;

next(Temperature_12):=case
1:{-50,100,150,200,250,300};
esac;
```

```
next(Temperature_21) := case
1:{-50,100,150,200,250,300};
esac;

next(Temperature_22) := case
1:{-50,100,150,200,250,300};
esac;

next(Temperature) := case
Software = 1:(Temperature_11 + Temperature_12 + Temperature_21 +
Temperature_22)/4;
1:300;
esac;

next(Temperature_Abnormal_Count1) := case
(Temperature_11
Temperature_12) >30&(Temperature_Abnormal_Count1 <5):Temperature_
Abnormal_Count1 +1;
(Temperature_12
Temperature_11) >30&(Temperature_Abnormal_Count1 <5):Temperature_
Abnormal_Count1 +1;
(Temperature_21
Temperature_12) >30&(Temperature_Abnormal_Count1 <5):Temperature_
Abnormal_Count1 +1;
(Temperature_22
Temperature_21) >30&(Temperature_Abnormal_Count1 <5):Temperature_
Abnormal_Count1 +1;

(((Temperature_11 + Temperature_12)/2) - ((Temperature_21 + Tempera-
ture_22)/2)) >30&(Temperature_Abnormal_Count1 <5):Temperature_Ab-
normal_Count1 +1;

(((Temperature_21 + Temperature_22)/2) - ((Temperature_11 + Tempera-
ture_12)/2)) >30&(Temperature_Abnormal_Count1 <5):Temperature_Ab-
normal_Count1 +1;
```

```
1:0;
esac;

next(Temperature_Abnormal_Count2):=case
(Temperature_11 - Temperature_12) > 30&(Temperature_Abnormal_Count2 <20):Temperature_Abnormal_Count2 +1;
(Temperature_12 - Temperature_11) > 30&(Temperature_Abnormal_Count2 <20):Temperature_Abnormal_Count2 +1;
1:Temperature_Abnormal_Count2;
esac;

next(Pressure_11):=case
1:{30,300};
esac;

next(Pressure_12):=case
1:{30,300};
esac;

next(Pressure):=case
Software =1:(Pressure_11 + Pressure_12)/2;
1:300;
esac;

next(Pressure_Abnormal_Count1):=case
(Pressure_11 - Pressure_12) >30&(Pressure_Abnormal_Count1 <5):Pressure_Abnormal_Count1 +1;
(Pressure_12 - Pressure_11) >30&(Pressure_Abnormal_Count1 <5):Pressure_Abnormal_Count1 +1;
1:Pressure_Abnormal_Count1;
esac;

next(Pressure_Abnormal_Count2):=case
(Pressure_11 - Pressure_12) >30&(Pressure_Abnormal_Count2 <20):Pressure_Abnormal_Count2 +1;
```

```
    (Pressure_12 - Pressure_11) >30&(Pressure_Abnormal_Count2 <20):
Pressure_Abnormal_Count2 +1;
    1:Pressure_Abnormal_Count2;
    esac;
    next(Phase):=case
    1:{0,1,2,3,4};
    esac;

    next(Test_Timer):=case
    (Test_Timer =30):0;
    Phase =0&(Test_Timer <30):Test_Timer +1;
    1:Test_Timer;
    esac;

    next(Engine_Number):=case
    1:{2,3,4};
    esac;

    next(Pressure_Error):=case
    Pressure_Abnormal_Count1 >4:1;
    Pressure_Abnormal_Count2 >20:1;
    1:Pressure_Error;
    esac;

SPEC AF(Door =1)
SPEC AF(Door =0)
SPEC ! EG(Door =1)
SPEC ! EG(Door =0)
SPEC AG (Cb_On =1&Software =0) - > AF(Door =1)
SPEC AG (Cb_On =0&Software =0) - > AF(Door =0)
SPEC AG (Pressure_Error =1) - > AX(t8_fired =0)
SPEC AG (Temperature_Error =1) - > AX(t8_fired =0)
SPEC AG(Cb_On =0 - > Door =0)
SPEC ! EF(Pressure_Error =1)
```